Walter Wagner

# Wasser und Wasserdampf im Anlagenbau

Kamprath-Reihe

Dipl.-Ing. Walter Wagner

# Wasser und Wasserdampf im Anlagenbau

2., korrigierte und erweiterte Auflage

Vogel Buchverlag

Dipl.-Ing. Walter Wagner

Jahrgang 1941, absolvierte nach einer Lehre als Technischer Zeichner ein Maschinenbaustudium und war 1964 bis 1968 Anlagenplaner im Atomreaktorbau; nach einer Ausbildung zum Schweiß-Fachingenieur war er ab 1968 Technischer Leiter im Apparatebau, Kesselbau und in der Wärmetechnik. 1974 bis 1997 bekam Walter Wagner einen Lehrauftrag an der Fachhochschule Heilbronn, von 1982 bis 1984 zusätzlich an der Fachhochschule Mannheim und von 1987 bis 1989 an der Berufsakademie Mosbach. Im Zeitraum 1988 bis 1995 war er Geschäftsführer der Hoch-Temperatur-Technik Vertriebsbüro Süd GmbH. Seit 1992 ist er Leiter der Beratung und Seminare für Anlagentechnik: WTS Wagner-Technik-Service. Walter Wagner ist außerdem Obmann verschiedener DIN-Normen und öffentlich bestellter und vereidigter Sachverständiger für Wärmeträgertechnik, Thermischer Apparatebau und Rohrleitungstechnik.

Dipl.-Ing. Walter Wagner ist Autor folgender Vogel Fachbücher der Kamprath-Reihe:

Festigkeitsberechnungen im Apparate- und Rohrleitungsbau
Kreiselpumpen und Kreiselpumpenanlagen
Lufttechnische Anlagen
Planung im Anlagenbau
Regel- und Sicherheitsarmaturen
Rohrleitungstechnik
Strömung und Druckverlust
Wärmeaustauscher
Wärmeträgertechnik
Wärmeübertragung
Wasser und Wasserdampf im Anlagenbau
Dietzel/Wagner: Technische Wärmelehre
Hemming/Wagner: Verfahrenstechnik

**Weitere Informationen:**
**www.vogel-buchverlag.de**

ISBN 978-3-8343-3194-6
2. Auflage. 2011

Printed in Germany

# Vorwort

Wasser und Wasserdampf sind die gebräuchlichsten Energieträger im Anlagenbau. Obwohl die Anwendung dieses Fluids seit Jahrhunderten bekannt ist, stellen sich, was Auslegung und Konstruktion dieser Anlagen betrifft, immer wieder Fragen. Bedingt durch die im Laufe der Zeit teilweise Verschlechterung des Rohwassers und die oft ohne Reserven ausgelegten Energiesysteme, wird der Einfluss der Dampfreinheit, der nicht kondensierbaren Gasanteile (Inertgase) sowie die effektive Kondensatableitung für die Funktionsfähigkeit der Systeme immer wichtiger. Zusätzlich spielt die Korrosion in Verbindung mit den Konstruktionswerkstoffen eine wichtige Rolle. Wie man Probleme im Anlagenbau diesbezüglich lösen kann, wird hier anschaulich beschrieben.

In Firmenschriften aus diesem Bereich werden Einzelprobleme und Lösungen oftmals sehr anschaulich dargestellt. Insbesondere die Unterlagen der Firmen GESTRA, Sarco, Armstrong und Berkeley-Filter sind für den praktischen Gebrauch zu empfehlen. Meistens wird dabei jedoch nur der Bereich behandelt, den das Lieferprogramm der Firmen abdeckt. Aus solchen Unterlagen teilweise verwendete Informationen wurden nur im Hinblick auf den Gesamtanwendungsbereich übernommen.

Entscheidend bei der Auslegung und Konstruktion sind die physikalischen Gesetzmäßigkeiten. Insbesondere der «feste» Zusammenhang von Temperatur und Dampfdruck des Wassers ist oftmals der «Schlüssel» zur Auslegung bzw. zur Beurteilung eines Wasserdampf- und Kondensatnetzes.

Mit den Informationen aus dem Buch können Studenten an Universitäten und Fachhochschulen der Fachrichtungen Heizungstechnik, Verfahrenstechnik, Versorgungstechnik, Kraftwerkstechnik, Umwelttechnik und Maschinenbau technische Zusammenhänge besser verstehen und entsprechende Aufgaben leichter lösen. Projektierungs-, Konstruktions- und Betriebsingenieure sowie Techniker, die im Beruf mit der Planung, Auslegung und Beurteilung von Wasser- und Wasserdampfsystemen im betrieblichen Einsatz zu tun haben, erhalten viele wichtige Hinweise aus der Praxis für die Praxis. Aussagekräftige Tabellen, Diagramme und Zeichnungen vermitteln dem Praktiker genaue Vorstellungen von Abläufen. Stoffdaten, Berechnungen, und Zustandsbeschreibungen unterstützen Planung, Auslegung und Konstruktion.

Resonanz aus Leserkreisen ist mir stets willkommen (E-Mail: wagner@wts-online.de). Dem Vogel Buchverlag danke ich für die gewohnt hervorragende Zusammenarbeit.

St. Leon-Rot — Walter Wagner

# Inhaltsverzeichnis

# 1 Rohwasser

Wasser kommt in der Natur nicht rein vor, sondern enthält je nach Herkunft (Meer-, See-, Fluss-, Brunnen- oder Regenwasser) unterschiedliche Stoffe. Diese Stoffe können sowohl als Salze, freie Säuren, Staub, organische Teile bzw. auch als Gase gelöst oder suspendiert sein und beeinflussen je nach Menge und Art das Verhalten von Wasser.

Da die Lösungsfähigkeit dieser Stoffe in Wasser temperaturabhängig ist, können sowohl Abscheidungen als auch Stoffaufnahmen stattfinden.

Außerdem sind im Rohwasser oft noch ungelöste Stoffe anorganischer und organischer Zusammensetzung als Schwebstoffe oder absetzbare Stoffe enthalten. Um Ablagerungen, Ausgasungen und Korrosion in den Anlagenbauteilen zu vermeiden, werden bestimmte Güteeigenschaften von Wasser gefordert.

**Regenwasser** ist als Sonderrohwasser anzusehen, da dieses Wasser nach der Verdunstung und anschließenden Kondensation (Regen) ohne Bodendurchströmung zur Anwendung kommt und somit Beimengungen stark reduziert sind.

**Brunnen- und Oberflächenwasser** enthält immer auch Sand, wobei Brunnenwasser bis zu 0,3 mg/l Sand enthalten kann.

**Mineralwasser** ist aus Quellen gewonnenes Wasser, das mindestens 1000 mg/l gelöste Salze oder 250 mg/l freies Kohlendioxid enthält.

**Meerwasser** hat etwa folgende Massenanteile an gelösten Salzen:

| | |
|---|---|
| Ozeane | 3,3 ... 3,75 % |
| Nordsee | 3,2 % |
| Ostsee | 0,6 ... 1,9 % |
| Mittelmeer | 3,8 % |
| Totes Meer | 21,7 % |

Die Salzgehalte liegen im Durchschnitt bei Ozeanen:

| | |
|---|---|
| $NaCl$ | 29,60 g/l |
| $MgCl_2$ | 3,80 g/l |
| $MgSO_4$ | 2,25 g/l |
| $CaSO_4$ | 1,38 g/l |

Neben den angegebenen Salzen sind noch Verbindungen von Kalium, Brom, Strontium, Bor und Fluor vorhanden.

Der Sauerstoffgehalt schwankt zwischen 0 ... 8,5 mg/l.

Kohlendioxid ist in beträchtlichen Mengen im Meerwasser gespeichert und hält den pH-Wert des Wassers nahezu konstant bei 7,8 ... 8,3.

Entsprechend des hohen Salzgehaltes liegt die elektrische Leitfähigkeit bei 21 000 ... 52 000 µS/cm mit einem Durchschnittswert von 42 000 µS/cm.

Im Persischen Golf liegt die Leitfähigkeit bei 72 000 µS/cm.

Meerwasser ist sowohl durch seinen Sauerstoffgehalt als auch durch die seine Leitfähigkeit bewirkende Salze aggressiv und bildet wegen seines Chloridgehaltes keine wirksame Schutzschichten.

**Brackwasser** ist eine an den Flussmündungen vorkommende, abhängig von Gezeiten und Wasserstand stark schwankende Mischung von Süßwasser und Meerwasser, mit einer Leitfähigkeit die bis zu ca. 32 000 µS/cm ansteigen kann und mit oft stark materialangreifenden Eigenschaften. Die Werkstoffauswahl richtet sich nach der Analyse.

**Sole** ist salzhaltiges Wasser mit mindestens 14 g/l Salze (hauptsächlich Natriumchlorid).

# 2 Anwendungsgrenzen von Rohwasser

Durch die Bestandteile des Rohwassers sowie die Konstruktionswerkstoffe der Anlage und deren Betriebsbedingungen kann es zu Ablagerungen, Korrosion und Gasabscheidungen kommen.

## 2.1 Ablagerungen

Ablagerungen bilden sich einmal durch die festen Bestandteile im Wasser sowie durch die Abscheidung von gelösten Stoffen, wobei hier Salze, Kalk und Gips die entscheidenden Anteile darstellen.

Die Verwendung von Rohwasser ist bis zu einer Temperatur von rund 60 °C möglich, bei einem Gehalt an Salz von 0,2 … 0,5 g/l. Beim Überschreiten dieser Temperatur scheiden sich aber die vorher gelösten Salze ab. Es bildet sich «Wasserstein» bzw. bei Temperaturen über 100 °C sog. «Kesselstein», der sich an den Wandungen festsetzt, den Wärmeübergang somit hindert und durch seine geringe Wärmeleitfähigkeit auch Wärmespannungen in den Heizflächen erzeugt. Bei Rohrleitungen ist außerdem die Verengung des lichten Querschnittes nachteilig.

Die Bestandteile des «Kesselsteins» sind überwiegend:

| | |
|---|---|
| Calciumcarbonat (Kalk) | $CaCO_3$<br>weich und leicht löslich |
| Magnesiumcarbonat | $MgCO_3$<br>weich und leicht löslich |
| Calciumsulfat (Gips) | $CaSO_4$<br>hart und schwer löslich |
| Calciumsilikat | $CaSiO_3$<br>sehr hart und nahezu unlöslich |

Die im Wasser enthaltenen Salze (Erdalkali-, Alkali- und Schwermetallsalze) sind vor allem Carbonate (kohlensaure Salze) und Bikarbonate (doppelkohlensaure Salze), Chloride (salzsaure Salze) sowie Nitrate des Calciums und des Magnesiums.

### 2.1.1 Kalkablagerungen (Steinbildung)

Unter Steinbildung versteht man Beläge aus Calciumcarbonat auf wasserführenden Wandungen. Im Gegensatz zur Korrosion spielen bei der Steinbildung die Eigenschaften des Werkstoffes nur eine untergeordnete Rolle.

Zur Steinbildung kommt es aufgrund der Reaktion:

$$Ca^{2+} + 2\,HCO_3 \rightarrow CaCO_3 + CO + H_2O \qquad \text{(Gl. 2.1)}$$

wenn Wasser erwärmt wird.

Die Kalkablagerung wird durch die Menge von im Wasser gelösten Calciumhydrogencarbonat bestimmt.

## 2.2 Korrosion

Die Korrosion in wässrigen Lösungen ist meist durch elektronische Vorgänge bedingt. Bei einem elektrochemischen Vorgang treten Potentialunterschiede in räumlich verschiedenen Bezirken der Metalloberfläche auf, sodass eine katodische und anodische Reaktion ablaufen kann.

An der Anode gehen bei der Korrosion die Atome des Anodenmetalls als positive Ionen in Lösung. Ordnet man die Metalle nach ihrem Lösungspotential, so erhält man die elektrolytische Spannungsreihe, bei der die wasserstoffumspülte Platinelektrode das Potential 0 besitzt (Tabelle 2.1).

Tabelle 2.1 Elektrolytische Spannungsreihe (von technisch wichtigen Metallen)

| Element | Mg | Al | Zn | Fe | Cd | Ni | Sn | Pb | $H_2$ | Cu | Ag | Pt | Au |
|---|---|---|---|---|---|---|---|---|---|---|---|---|---|
| Spannung V | −2,37 | −1,66 | −0,76 | −0,44 | −0,40 | −0,23 | −0,14 | −0,13 | ±0,00 | +0,34 | +0,80 | +1,2 | +1,5 |

Je negativer das Potential, desto unedler ist das Metall. Bei Anwesenheit eines Elektrolyten wird immer das unedle Metall angegriffen. Demnach wird ein verzinnter (Sn) Stahl unter der Deckschicht korrodieren (rosten), wenn diese Deckschicht Poren aufweist.

Dagegen rosten verzinkte (Zn) Stahlteile erst, wenn der Überzug in größeren Bereichen verschwunden ist. Eine Potentialdifferenz bildet sich nicht nur zwischen verschiedenen Metallen aus, sondern es können sich auch innerhalb eines einheitlichen Metallstücks Bereiche mit unterschiedlichem Potential bilden. Solche Stellen verschiedenen Potentials (Lokalelement) entstehen beispielweise, wenn Gefügeinhomogenitäten oder örtliche Kaltverformungen vorliegen.

Nach der Erscheinungsform des Korrosionsangriffes kann man in gleichmäßig abtragende Korrosion und ungleichförmig (lokalisiert) angreifende Korrosion einteilen, wobei in der Regel nur die lokalisiert angreifende Korrosion für Schadensfälle bedeutsam ist.

### 2.2.1 Gleichmäßige Flächenkorrosion

Eine gleichmäßige Flächenkorrosion findet in sauerstoffhaltigen Wässern immer statt. Die Geschwindigkeit der Korrosion wird i. A. durch Deckschichten wesentlich verringert, sodass die Abtragungsrate meist technisch toleriert wird.

Bei fehlender Schutzschicht wird die Korrosionsgeschwindigkeit durch die Konzentration der Oxidationsmittel $c(O_2)$, $c(NO_3^-)$ und $c(H^+)$, bei Anwesenheit von sulfatreduzierenden Bakterien auch $c(SO_4^{2-})$ und durch die Strömungsgeschwindigkeit bestimmt.

### 2.2.2 Ungleichmäßige Flächenkorrosion

Ungleichförmige Flächenkorrosion unter Ausbildung von Mulden- und Lochfraß tritt immer auf, wenn keine Schutzschichten, aber unvollständige Deckschichten entstehen. Das ist bei den meisten sauerstoffhaltigen Wässern der Fall. Das Ausmaß des örtlichen Angriffes hängt von zahlreichen Einflussgrößen, insbesondere von den geometrischen Abmessungen des Bauteils sowie von der Oberflächenbeschaffenheit und von den Anfangsbedingungen der Korrosion ab.

### 2.2.3 Korrosion an Wandungen von freien Wasseroberflächen

An Metallwänden an denen eine Grenzfläche von Wasser und Luft besteht, ist bevorzugt Korrosion durch Elementbildung möglich. Um diese Korrosion zu vermeiden, gibt es folgende Möglichkeiten:

- Korrosionsbeständige Werkstoffe zu verwenden,
- Abdeckung der freien Oberfläche mit einer Membrane,
- Luft durch ein Inertgas zu ersetzen (z. B. Stickstoff $N_2$),
- Säurebildner, wie z. B. Chlor in den Salzen, aus dem Wasser zu entfernen.

Eine der meisten praktizierten Möglichkeiten ist die Membranabdeckung der freien Wasseroberfläche und falls noch ein Systemüberdruck erforderlich ist, diesen Druck mittels z. B. Stickstoff zu erzeugen. Hierdurch wird vermieden, dass Sauerstoff (bei Luft als Druckerzeuger) durch die Membrane diffundiert und so in das Wasser gelangen kann.

### 2.2.4 Korrosion bei einmaliger Wasserfüllung

Bei Wassersystemen ohne ständige Wassererneuerung, bei denen der im Wasser gelöste Sauerstoff und die Kohlensäure durch Korrosion verbraucht wird, hängt die verbleibende Korrosivität des Wassers alleine davon ab, in welchem Maße Sauerstoff aus der Atmosphäre in die Anlage gelangen kann.

**Beispiel**

Stahl reagiert mit sauerstoffhaltigem Wasser zunächst gemäß:

$$Fe + {}^1/_2\, O_2 + H_2O \rightarrow Fe(OH)_2 \qquad \text{(Gl. 2.2)}$$

zu **Eisenhydroxid $Fe(OH)_2$**, das sich weiter umwandelt:

$$3\, Fe(OH)_2 + {}^1/_2\, O_2 \rightarrow Fe_3O_4 + 3\, H_2O \qquad \text{(Gl. 2.3)}$$

zu **Magnetit $Fe_3O_4$**

Bei luftgesättigtem Wasser beträgt der Sauerstoffgehalt ca. 10 mg/l. Aus obiger Gleichung ergibt sich, dass 1 $m^3$ luftgesättigtes Wasser ca. 26 g Eisen umwandeln. Rechnet man diese Eisenmenge auf die Geometrie in einem Rohr DN 25 mit 1 m Länge und mit einem Wasservolumen von 0,6 l um, ergibt sich bei gleichmäßiger Korrosion eine Wanddickenschwächung von 0,02 µm. Eine einmalige mit Sauerstoff gesättigte Wasserfüllung bewirkt somit keine zu beachtende Korrosion.

## 2.3 Gasbildung

Die Gaslöslichkeit in Wasser ist abhängig von Temperatur und Druck (Bild 2.1 und Bild 2.2). Gemäß dem Henry'schen Gesetz ist die Löslichkeit zum Druck proportional.

Durch Druck- und Temperaturunterschiede in der Anlage kommt es deshalb, insbesondere an Stellen mit niedrigem Druck und gleichzeitig erhöhter Temperatur, zu Gasabscheidungen im System.

**Wasserstoffbildung**

Wenn der Sauerstoff des Wassers durch Korrosion verbraucht wird, kann es in Stahlrohrleitungen zur Bildung von Wasserstoff kommen:

$$3\,Fe(OH)_2 \rightarrow Fe_3O_4 + 2\,H_2O + H_2 \qquad \text{(Gl. 2.4)}$$

Bei der chemischen Analyse des beim Entlüften anfallenden Gases, wird neben dem Wasserstoff auch Stickstoff festgestellt. Dies zeigt, dass der für die primäre Reaktion (Gl. 2.2) erforderliche Sauerstoff durch Eintritt von Luft in die Anlage gelangt ist. Ursache ist oftmals Unterdruck an irgendeiner Stelle in der Anlage.

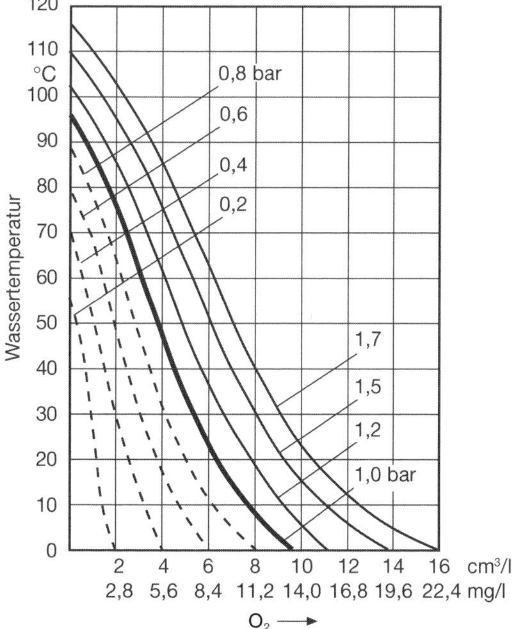


Bild 2.1 Löslichkeit für Sauerstoff in Wasser

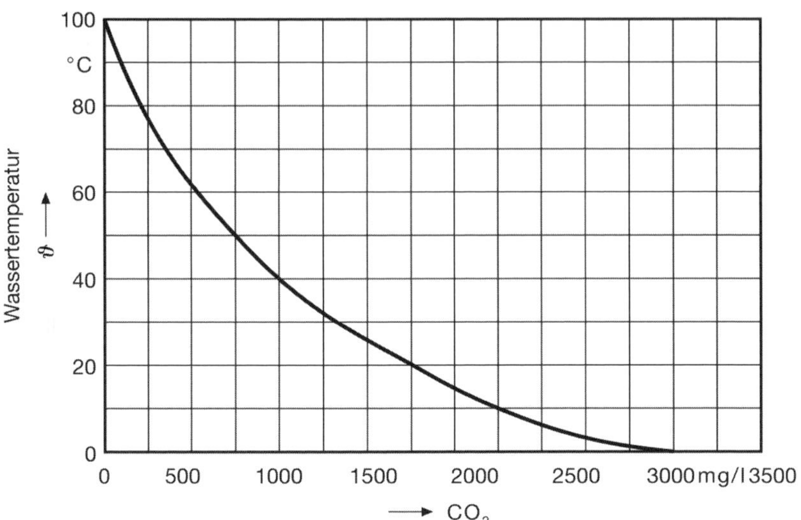


Bild 2.2 Löslichkeit von $CO_2$ in Wasser ($p$ = 1 bar)

# 3 Wasseraufbereitung

Zur Vermeidung von Ablagerungen, Korrosion und Gasausscheidungen, muss das Wasser im Anlagenbau aufbereitet werden.

**Zur Beurteilung der Qualität des Wassers muss eine Analyse des Wassers vorliegen.**

## 3.1 Begriffe zur Beurteilung von Wasser

### 3.1.1 Allgemeine Einheiten

**Stoffmenge *n***

Die Basisgröße Stoffmenge beschreibt die Qualität einer Stoffportion auf der Grundlage der Anzahl der darin enthaltenen Teilchen bestimmter Art:

Die Einheit der Basisgröße wird mit **Mol** bezeichnet.

Die Stoffmenge einer Stoffportion ist 1 mol groß, wenn sie aus ebenso vielen Einzelteilchen besteht, wie Atome in 12 g des Kohlenstoffisotops $^{12}C$ enthalten sind.

Die Stoffportion bezeichnet einen abgegrenzten Materienbereich – also eine bestimmte abgemessene Menge eines Stoffes, z. B. 2 kg Wasser.

Benutzt man die Basisgröße Stoffmenge, müssen die Einzelteilchen spezifiziert sein und können Atome, Moleküle, Ionen, Elektronen oder andere Teilchen oder Gruppen von Teilchen genau angegebener Zusammensetzung sein.

Die Angabe erfolgt als Größengleichung:

$n(H_2SO_3) = 3{,}5$ mol

$n(Cl^-) = 0{,}1$ mol

**Äquivalent**

Ein Äquivalent ist der gedachte Bruchteil $^1/_z$ eines Teilchens $X$ im Sinne der Mol-Definition, wobei $X$ ein Atom, Molekül, Ion oder eine Atomgruppe sein kann.

- **Ionenäquivalent** durch die Ladungszahl des Ions,
- **Neutralisationsäquivalent** durch die Anzahl der $H^+$-Ionen oder $OH^-$-Ionen, die es bindet oder ersetzt,
- **Redoxäquivalent** durch die Anzahl der pro Teilchen abgegebenen oder aufgenommenen Elektronen.

Für die symbolische Darstellung von Äquivalenten wird der Bruchteil $^1/_z$ vor das Symbol des Teilchens $X$ gesetzt:

$^1/_z\, X$

Beispiele: $^1/_2\, Ca^{2+}$, $^1/_2\, H_2SO_4$, $^1/_5\, KMnO_4$

**Molare Masse**

Die molare Masse eines Stoffes $X$ ist der Quotient aus seiner Masse $m(X)$ und seiner Stoffmenge $n(X)$:

$$M(X) = \frac{m(X)}{n(X)}$$

Zur Angabe der molaren Massen von Stoffen als Größengleichung werden die Symbole für deren Teilchen in Klammern hinter das Formelzeichen $M$ gesetzt.

$M(H) = 1{,}008$ g/mol

$M(H_2) = 2{,}016$ g/mol

$M(NaOH) = 40{,}00$ g/mol

Die Molmassen der wichtigsten Wasserinhaltsstoffe gibt Tabelle 3.1 wieder.

**Massenanteil *w***

Der Massenanteil $w$ eines Stoffes $X$ in einer Mischung ist der Quotient aus seiner Masse $m$ $(X)$ und der Masse $m$ der Mischung:

Tabelle 3.1 Molmassen der wichtigsten Wasserinhaltsstoffe in g/mol

| | | | |
|---|---|---|---|
| Calcium | $M(Ca^{2+})$ | 40,1 | (1 mg/l $Ca^{2+}$ $\triangleq \frac{1}{40,1} = 0,0249$ mol/m³) |
| Sulfat | $M(SO_4^{2-})$ | 96,1 | (1 mg/l $SO_4^{2-}$ $\triangleq \frac{1}{96,1} = 0,0104$ mol/m³) |
| Sulfat | $M(\frac{1}{2} SO_4^{2-})$ | 48,0 | (1 mg/l $SO_4^{2-}$ $\triangleq \frac{1}{48} = 0,0208$ mol/m³) |
| Chlorid | $M(Cl^-)$ | 35,5 | (1 mg/l $Cl^-$ $\triangleq \frac{1}{35,5} = 0,0282$ mol/m³) |
| Nitrat | $M(NO_3^-)$ | 62,0 | (1 mg/l $NO_3^-$ $\triangleq \frac{1}{62,0} = 0,0161$ mol/m³) |
| Natrium | $M(Na^+)$ | 23,0 | (1 mg/l $Na^+$ $\triangleq \frac{1}{23} = 0,0435$ mol/m³) |
| Mangan | $M(Mn^{2+})$ | 54,9 | (1 mg/l $Mn^{2+}$ $\triangleq \frac{1}{54,9} = 0,0182$ mol/m³) |
| Kieselsäure | $M(SiO_2)$ | 60,1 | (1 mg/l $SiO_2$ $\triangleq \frac{1}{60,1} = 0,0166$ mol/m³) |
| Phosphor | $M(P)$ | 31,0 | (1 mg/l P $\triangleq \frac{1}{31} = 0,0323$ mol/m³) |
| | $M(P_2O_5)$ | 142,0 | (1 mg/l $P_2O_5$ $\triangleq \frac{1}{142} = 0,0070$ mol/m³) |
| | $M(PO_4^{3-})$ | 95,0 | (1 mg/l $PO_4^{3-}$ $\triangleq \frac{1}{95} = 0,0105$ mol/m³) |

$w(X) = m(X)/m$

$w(NaOH) = 0,50$

$w(HCl) = 40\,\%$

**Stoffmengenanteil $x$**

Der Stoffmengenanteil $x$ eines Stoffes in einer Mischung aus den Stoffen $X$ und $Y$ ist der Quotient aus seiner Stoffmenge $n(X)$ und der Summe der Stoffmengen $n(X)$ und $n(Y)$:

$x(X) = n(X)/(n(X) + n(Y))$

$x(C_2H_5OH) = 0,35$

**Volumenanteil $\Psi$**

Der Volumenanteil $\Psi$ eines Stoffes X in einer Mischung aus den Stoffen $X$ und $Y$ ist der Quotient aus seinem Volumen $V(X)$ und der Summe der Volumina $V(X)$ und $V(Y)$ vor dem Mischvorgang:

$\Psi(X) = V(X)/(V(X) + V(Y))$

$\Psi(O_2) = 0,21$

**Massenkonzentration $\varrho$**

Die Massenkonzentration $\varrho$ eines Stoffes $X$ in einer Mischung ist der Quotient aus seiner Masse $m(X)$ und dem Volumen $V$ der Mischung:

$\varrho(X) = m(X)/V$

$\varrho(H_2SO_4) = 47$ g/l

**Stoffmengenkonzentration $c$**

Die Stoffmengenkonzentration $c$ eines Stoffes $X$ in einer Mischung ist der Quotient aus seiner Stoffmenge $n(X)$ und dem Volumen $V$ der Mischung:

$c(X) = n(X)/V$

$c(Ca^{2+}) = 1,8$ mmol/l

**Äquivalentkonzentration $c(^1/_z X)$**

$c(^1/_2 Ca^{2+}) = 0{,}48$ mol/l

**Volumenkonzentration $\sigma$**

Die Volumenkonzentration $\sigma$ eines Stoffes $X$ in einer Mischung ist der Quotient aus seinem Volumen $V(X)$ und dem Volumen der Mischung:

$\sigma(X) = V(X)/V$

$\sigma(C_2H_5OH) = 0{,}23$

### 3.1.2 pH-Wert

Die Moleküle der chemischen Bestandteile wässriger Lösungen sind zum Teil in elektrisch geladene Teilchen mit entgegengesetzten Vorzeichen zerfallen.

Man bezeichnet diese Teilchen als Ionen, den Zerfall als Dissoziation und alle Lösungen, die Ionen enthalten, als Elektrolyte. Man nennt:

- positiv geladene Ionen → Kationen und
- negativ geladene Ionen → Anionen.

Metall- und Wasserstoffionen haben üblicherweise eine positive Ladung, z. B.: $Ca^{2+}$, $Na^+$, $Mg^{2+}$, $H^+$,

Säurerest- und Hydroxidionen eine negative Ladung, z. B.: $Cl^-$, $HCO_3^-$, $CO_3^{2-}$, $OH^-$.

Die Konzentration an Wasserstoffionen bestimmt den Charakter einer wässrigen Lösung, d. h., ob die Konzentration sauer oder basisch (alkalisch) reagiert bzw. neutral ist.

Der praktisch in Betracht kommende Konzentrationsbereich an $H^-$- bzw. $OH^-$-Ionen liegt zwischen den Werten von $1 \ldots 10^{-14}$ mol/l.

Da dieser Zahlenwert für den Gebrauch z. B. für grafische Darstellungen oft ungeeignet sind, wurde als Maßzahl der negative dekadische Logarithmus der Wasserstoffionen-Konzentration $H^-$ mit der Bezeichnung **pH-Wert** eingeführt.

$pH = -\lg(H^+)$, bzw. $H^+ = 10^{-pH}$ mol/l

Das Produkt der Wasserstoffionen-Konzentration und der Hydroxidionen-Konzentration, das sog.

**Ionenprodukt**, $K_w = H^+ \cdot OH^-$,

ist für wässrige Lösungen (auch für Säuren, Laugen und Salzlösungen) gleich und hängt im Wesentlichen nur von der Temperatur ab.

Das Produkt beträgt bei 25 °C ca. $10^{-14}$ mol/l.

Bei einer Erhöhung von $H^+$ muss sich daher $OH^-$ verringern und umgekehrt.

Lösungen deren Wasserstoffionen-Konzentration gleich der Hydroxidionen-Konzentration ist, reagiert neutral. Dieser Zustand liegt z. B. bei chemisch reinem Wasser vor. Bei der Bezugstemperatur von 25 °C beträgt die Konzentration an Wasserstoff- und Hydroxidionen jeweils $10^{-7}$ mol/l. Chemisch reines Wasser von 25 °C mit einem pH-Wert 7 reagiert weder sauer noch alkalisch.

Sauer ist eine wässrige Lösung, deren Wasserstoffionen-Konzentration größer ist als die Hydroxidionen-Konzentration. Der pH-Wert ist damit kleiner als der pH-Wert einer neutralen Lösung bei gleicher Temperatur.

**Beispiel**

Wasserstoffionen-Konzentration
= 0,000 000 000 001 mol/l ($10^{-12}$ mol/l)
→ pH-Wert = 12

Die pH-Skala (Tabelle 3.2) mit der Klassifizierung der chemischen Reaktionen reicht von 0 … 14 und bezieht sich auf Lösungen mit einer Bezugstemperatur von 25 °C, andere Temperaturen erklärt Bild 3.1.

Wässrige Lösungen mit $pH < 0$ werden als übersauer und Lösungen mit $pH > 14$ als überalkalisch bezeichnet.

Bei einer Temperaturerhöhung ändert sich durch Zunahme der Dissoziation das Ionenprodukt $K_w$. Dabei nimmt $H^+$ ebenso zu wie $OH^-$. Die Mengen der dissoziierten $H^+$- und $OH^-$-Ionen werden größer, dabei bleiben sie jedoch in ihrem Verhältnis zueinander gleich.

Tabelle 3.2 pH-Wert-Übersicht (Bezugstemperatur 25 °C)

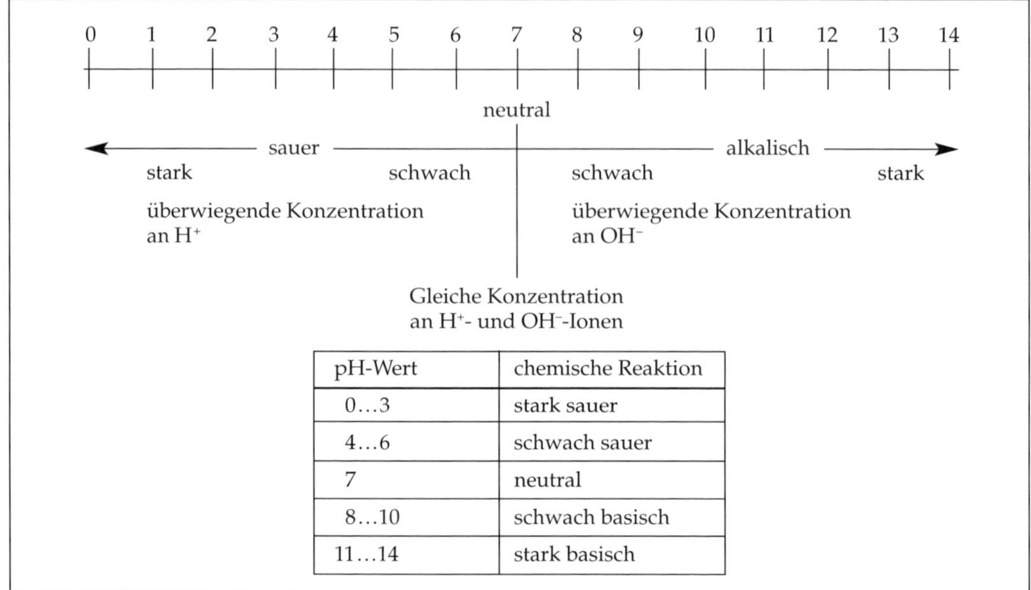


| pH-Wert | chemische Reaktion |
|---|---|
| 0…3 | stark sauer |
| 4…6 | schwach sauer |
| 7 | neutral |
| 8…10 | schwach basisch |
| 11…14 | stark basisch |

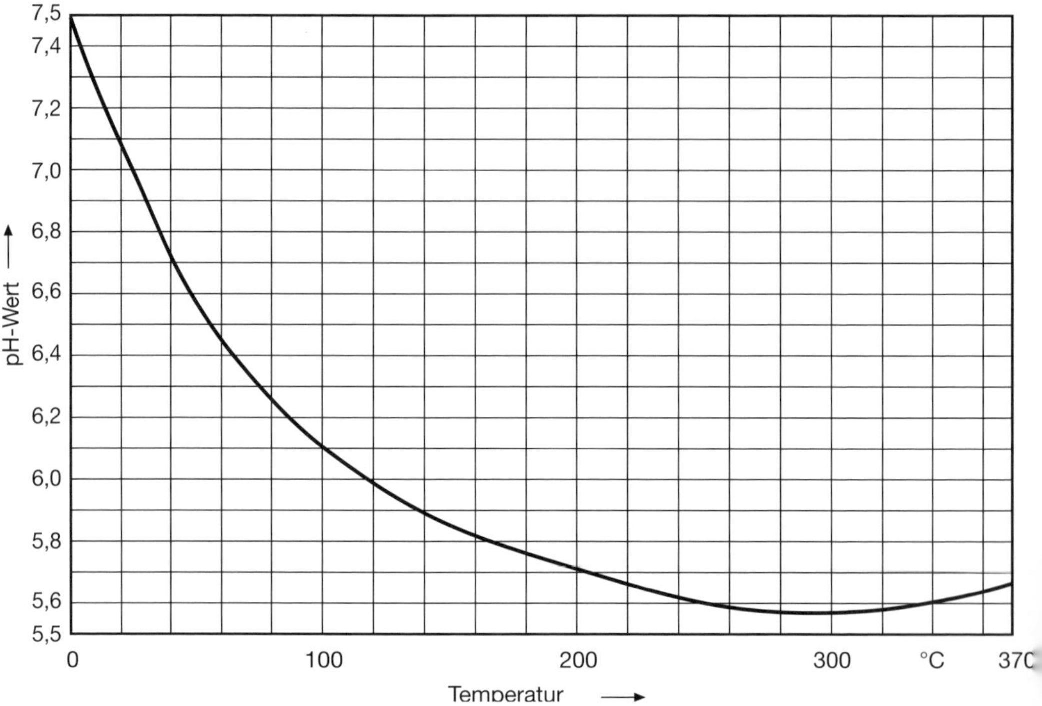

Bild 3.1 pH-Wert des chemisch reinen Wassers in Abhängigkeit von der Temperatur (Neutralkurve)

### 3.1.3 Härte

*Die Härte eines Wassers ist der Gehalt an Erdalkaliionen (Calcium-, Magnesium-, Strontium- und Bariumionen).*

Von praktischer Bedeutung sind die Calcium- und Magnesiumkonzentrationen. Calcium- und Magnesiumsalze kommen in erster Linie als Karbonate, Hydrogenkarbonate, Sulfate, Nitrate und Chloride vor.

Die Benennung «Wasserhärte» ist historisch auf die Reaktion der Calciumionen des Wassers beim Waschvorgang mit fettsauren Seifen zurückzuführen.

Die Härte (DIN 38409, T6) wird als Stoffmengenkonzentration der Erdalkaliionen angegeben, wie z. B. Stoffmengenkonzentration $c(Ca^{2+} + Mg^{2+}) = 5$ mmol/l.

**Umrechnung von deutschen Härtegraden in andere Maßeinheiten**

Der Grad deutscher Härte (°dH) ist wie folgt definiert:

1 °dH entspricht einer Massenkonzentration an Calciumoxid (CaO) in Wasser von 10 mg/l.

CaO hat die molare Masse von 56 g/mol. Da CaO 2-wertig ist, hat es die **äquimolare Masse** von 56/2 = 28 g/mol. Das bedeutet: Eine 1-milliäquivalente Lösung weist eine Massenkonzentration an Calciumoxid von 28 mg/l auf.

Damit ist die Umrechnungsmöglichkeit der Äquivalentkonzentration in °dH und umgekehrt gegeben:

$$°dH/2{,}8 = c(^1/_2 CaO)$$

$$c(^1/_2 CaO) \cdot 2{,}8 = °dH$$

Mittels der vorgenannten Definitionen können alle Konzentrationsangaben im Bereich der Wasserchemie auf °dH umgerechnet werden (s. Tabelle 3.3). Dividiert man die Massenkonzentration durch die äquimolare Masse des betreffenden Ions und multipliziert mit 2,8, dann ist das Ergebnis die Konzentrationsangabe des betreffenden Ions in °dH.

Tabelle 3.3 Umrechnung von °dH in Massenkonzentration, Stoffmengenkonzentration und Equivalentkonzentration

| Ion bzw. Molekül | deutsche Härtegrade in °dH | Massenkonzentration $\rho(X)$ in mg/l | Stoffmengenkonzentration $c(X)$ in mmol/l | Equivalentkonzentration $c(1/z\,X)$ in mmol/l |
|---|---|---|---|---|
| $Ca^{2+}$ | 1 | 7,14 | 0,18 | 0,36 |
| $Mg^{2+}$ | 1 | 4,36 | 0,18 | 0,36 |
| $Na^{+}$ | 1 | 8,21 | 0,36 | 0,36 |
| $K^{+}$ | 1 | 13,93 | 0,36 | 0,36 |
| $NH_4^{+}$ | 1 | 6,43 | 0,36 | 0,36 |
| $Fe^{2+}$ | 1 | 9,97 | 0,18 | 0,36 |
| $Mn^{2+}$ | 1 | 9,81 | 0,18 | 0,36 |
| $CO_3^{2-}$ | 1 | 10,71 | 0,18 | 0,36 |
| $HCO_3^{-}$ | 1 | 21,79 | 0,36 | 0,36 |
| $Cl^{-}$ | 1 | 12,68 | 0,36 | 0,36 |
| $SO_4^{2-}$ | 1 | 17,14 | 0,18 | 0,36 |
| $NO_3^{-}$ | 1 | 22,14 | 0,36 | 0,36 |
| $PO_4^{3-}$ | 1 | 11,32 | 0,12 | 0,36 |
| CaO | 1 | 10,00 | 0,18 | 0,36 |
| $CO_2$ | 1 | 7,86 | 0,18 | 0,36 |
| $SiO_2$ | 1 | 10,71 | 0,18 | 0,36 |

**Beispiel: 1**

$\rho(SO_4^{2-})$ = 10 mg/l

$^1/_2 M(SO_4^{2-})$ = 48 mg/mmol

(10/48) · 2,8 = 0,58 °dH

Die Massenkonzentration an Sulfationen von 10 mg/l entspricht somit 0,58 °dH.

Eine Einteilung von Wasser nach Härtegraden gibt Tabelle 3.4 wieder, eine Einteilung nach dem «Waschmittelgesetz» Tabelle 3.5.

**Beispiel: 2**

Ein Rohwasser weist eine Gesamthärte von 7 °dH auf.

Wie groß sind die Massen-, Stoffmengen- und Äquivalentkonzentrationen? (Multiplikatoren s. Tabelle 3.3)

$\rho(CaO)$ = 7 · 10 = 70 mg/l

$c(CaO)$ = 7 · 0,18 = 1,26 mmol/l

$c(^1/_2 CaO)$ = 7 · 0,36 = 2,56 mmol/l

### 3.1.4 Kohlensäure

Jedes in der Natur vorkommende Wasser hat einen Gehalt an Kohlensäure, die frei und in Form von Anionen vorliegt.

Die gebundene Kohlensäure ($CO_3^{2-}$, $HCO_3^-$) ist entweder als Calciumkarbonat (Kalk) und/oder Magnesiumkarbonat (Magnesia) gebunden.

Die freie Kohlensäure ($CO_2$) ist überwiegend gasförmig in Wasser gelöst. Ein Teil davon bewirkt, dass die Hydrogenkarbonate in Lösung gehalten werden. Die zugehörige freie Kohlensäure wirkt nicht aggressiv. Der Anteil an freier Kohlensäure, der im Wasser über der Konzentration der zugehörigen freien Kohlensäure enthalten ist, wird als überschüssige oder (in Bezug auf Kalk) als aggressive Kohlensäure bezeichnet.

Ein Wasser, dessen Konzentration an freier Kohlensäure gleich der zugehörigen freien Kohlensäure ist, d. h. gerade soviel zugehörige freie Kohlensäure enthält wie erforderlich ist, um das vorhandene Calciumhydrogenkarbonat in Lösung zu halten, befindet sich im Kalk-Kohlensäure-Gleichgewicht. Es ist weder kalkaggressiv noch fällt Kalk aus.

### 3.1.5 Säure- und Basekapazität

**Säurekapazität eines Wassers**

Die Säurekapazität des Wassers (KS) ist der Quotient aus der Stoffmenge an Hydronium-

Tabelle 3.4 Allgemein übliche Einteilung der Wässer nach Härtegraden

| Härte ($Ca^{2+} + Mg^{2+}$) in mmol/l | Gesamthärte in der alten Einheit °dH | Beurteilung |
|---|---|---|
| ...0,7 | ...4 | sehr weich |
| 0,7...1,4 | 4...8 | weich |
| 1,4...2,1 | 8...12 | mittelhart |
| 2,1...3,2 | 12...18 | ziemlich hart |
| 3,2...5,4 | 18...30 | hart |
| über 5,4 | über 30 | sehr hart |

Tabelle 3.5 Einteilung der Wässer in Härtegrade nach dem «Waschmittelgesetz»

| Härtebereich | Härte in mmol/l | Gesamthärte in °dH |
|---|---|---|
| 1 (weich) | ...1,3 | ...7 |
| 2 (mittelhart) | 1,3...2,5 | 7...14 |
| 3 (hart) | 2,5...3,8 | 14...21 |
| 4 (sehr hart) | über 3,8 | über 21 |

ionen, die eine bestimmte Stoffportion Wasser bis zum Erreichen bestimmter pH-Werte aufnehmen kann und dem Volumen dieser Stoffportion:

$K_S = n(H_3O^+)/V(H_2O)$ mol/m³ oder mmol/l

Der Wert der Säurekapazität ist geringfügig von der Temperatur und der Ionenstärke des Wassers abhängig.

Als Säurekapazität bis zum pH-Wert 8,2 ($K_{S\,8,2}$) bezeichnet man, wenn das Wasser durch Zugabe von Hydroniumionen, in der Regel Salzsäure mit einem bekannten Gehalt (z. B. $c$(HCl) = 0,1 mol/l), den pH-Wert 8,2 erreicht hat.

Dieser pH-Wert leitet sich aus dem System Kohlensäure–Wasser ab. Der pH-Wert 8,2 hat eine wässrige Hydrogenkarbonatlösung mit mehr als 1 mmol/l $HCO_3$-Ionen, einer Temperatur von 25 °C und einer Ionenstärke von 10 mmol/l.

Als Säurekapazität bis zum pH-Wert 4,3 ($K_{S\,4,3}$) bezeichnet man die Säurekapazität des Wassers, wenn dieses durch Zugabe von Salzsäure den pH-Wert 4,3 erreicht hat.

**Basekapazität eines Wassers**

Die Basekapazität des Wassers (KB) ist der Quotient aus der Stoffmenge an Hydroxidionen, die eine bestimmte Stoffportion Wasser bis zum Erreichen bestimmter pH-Werte aufnehmen kann und dem Volumen dieser Stoffportion:

$K_B = n(OH^-)/V(H_2O)$ mol/m³ oder mmol/l

Als Basekapazität bis zum pH-Wert 8,2 ($K_{B\,8,2}$) bezeichnet man die Basekapazität des Wassers, wenn dieses durch Zugabe von Hydroxidionen, i. d. R. Natronlauge, mit einem bekannten Gehalt (z. B. $c$(NaOH) = 0,1 mol/l) den pH-Wert 8,2 erreicht hat.

Als Basekapazität bis zum pH-Wert 4,3 ($K_{B\,4,3}$) bezeichnet man die Basekapazität des Wassers, wenn es durch Zugabe von Natronlauge den pH-Wert 4,3 erreicht hat.

Diese pH-Werte leiten sich ebenfalls, wie unter dem Begriff Säurekapazität beschrieben, aus dem System Kohlensäure–Wasser ab.

### 3.1.6 Elektrische Leitfähigkeit

Die elektrische Leitfähigkeit des Wassers gibt einen Anhalt für die Konzentration der in einem Wasser vorhandenen Salze bzw. der dissoziierbaren Stoffe.

- Die Leitfähigkeit wird ausgedrückt in Siemens pro Meter (S/m).
- Gebräuchliche Einheiten sind: mS/m (= $10^{-3}$ S/m) und vor allem µS/cm (= $10^{-4}$ S/m).
- Absolut reines Wasser weist bei 18 °C eine Leitfähigkeit auf von 0,044 µS/cm.
- Betriebswässer haben üblicherweise elektrische Leitfähigkeiten bis 1000 µS/cm.
- Durch Vollentsalzung wird die Leitfähigkeit $< 0{,}2$ µS/cm erreicht.
- Die Aussagemöglichkeiten der elektrischen Leitfähigkeitsmessung haben eine besondere Bedeutung für die Beurteilung und Überwachung des Reinheitsgrades von Kesselspeisewasser, Dampfturbinenkondensat, Reinstwasser usw.

### 3.1.7 Wasseranalyse

Zur Beurteilung der Wasserqualität und des Korrosionsverhaltens metallischer Werkstoffe werden die in Tabelle 3.6 aufgeführten Analysenwerte des jeweiligen Wassers benötigt (Analysenwerte von hochreinem Wasser s. Tabelle 3.7).

Von Bedeutung für eine Korrosionsbeurteilung sind auch Art und Konzentration der im Wasser gelösten natürlichen Inhibitoren, die die Ausbildung von Schutzschichten fördern. Dazu zählen Phosphate, Silikate und Aluminiumverbindungen.

Bei der Beurteilung von Schadensfällen kann die Konzentration von nach der Wasserentnahmestelle aufgenommenen Stoffen, die nicht im Protokoll der Wasseranalyse aufgeführt sind, z. B. Kupferionen oder andere Korrosionsprodukte von Anlagenbauteilen, interessant sein. Es ist dann eine zusätzliche Wasserprobe in der Nähe der Schadensstelle innerhalb der Anlage zu entnehmen.

Tabelle 3.6 Umfang einer Wasseranalyse (in Anlehnung an DIN 50 930)

| Bezeichnung der Probe: . . . . . . . . . . . . . . | |
|---|---|
| Ort der Probenahme: . . . . . . . . . . . . . . . | |
| Datum der Probenahme: . . . . . . . . . . . . . | |
| **Parameter** | **Einheit** |
| Wassertemperatur | °C |
| pH-Wert | – |
| elektrische Leitfähigkeit | mS/m |
| Säurekapazität bis pH = 4,3 | $mol/m^3$ |
| Basekapazität bis pH = 8,2 | $mol/m^3$ |
| Summe Erdalkalien | $mol/m^3$ |
| Calcium-Ionen | $mol/m^3$ |
| Magnesium-Ionen | $mol/m^3$ |
| Chlorid-Ionen | $mol/m^3$ |
| Nitrat-Ionen | $mol/m^3$ |
| Sulfat-Ionen | $mol/m^3$ |
| Eisen, gesamt | $mol/m^3$ |
| Eisen filtriert | $mol/m^3$ |
| Mangan, gesamt | $mol/m^3$ |
| Sauerstoff | $g/m^3$ |
| Oxidierbarkeit Mn VII zu II (als $O_2$) | $g/m^3$ |

### 3.1.7.1 Beurteilung einzelner Analysenwerte

**Chlorid ($Cl^-$)**

Chloridionen sind in fast allen natürlichen Wässern, auch in Regenwasser und in vielen Abwässern, enthalten. Ihre Konzentration bewegt sich, je nach den örtlichen Verhältnissen, innerhalb sehr weiter Grenzen (wenige mg/l...250 mg/l).

Liegt die Konzentration an Chloridionen über 150 mg/l, besteht Lochfraßgefahr. Je weicher und karbonatärmer ein Wasser ist, umso mehr macht sich der metallangreifende Einfluss der Chloride bemerkbar.

**Sulfat ($SO_4^{2-}$)**

Normale Wässer enthalten meistens 10...30 mg/l Sulfationen. Wässer mit einem Gehalt an Sulfaten von über 250 mg/l wirken auf Eisenwerkstoffe korrosiv. Gusseisen grafitiert und Stahl neigt zu Lochfraß. Sulfatreiche Wässer sind auch für Beton schädlich. Die Betonzerstörung beginnt bei 150...200 mg/l ($SO_4^{2-}$).

**Nitrat ($NO_3^-$)**

Nitrationen kommen in Grundwässern und Oberflächenwässern in unterschiedlichen Konzentrationen vor. Normale Werte liegen bei ca. 10 mg/l ($NO_3^-$). Konzentrationen über 20 mg/l greifen bei weichen Wässern Eisenwerkstoffe an, auch wenn das Wasser rostschutzbildende Kohlensäure enthält.

**Nitrit ($NO_2^-$)**

Nitrit ist in reinem Wasser fast nie enthalten. Verschmutzte Wässer enthalten 0,1...2 mg/l, Moorwasser 0,1...1 mg/l. Das Auftreten von Nitrit zeigt in den meisten Fällen eine fäkale Verunreinigung an.

Tabelle 3.7 Hochreines Wasser

| | Leitfähigkeit µS/cm | Salzgehalt mg/kg | Gase mg/kg | |
|---|---|---|---|---|
| | | | $O_2$ | $CO_2$ |
| einfach destilliertes Wasser | 2 | <20 | | |
| dreifach destilliertes Wasser | 0,5...1 | 1...2 | | |
| vollentsalztes Wasser VE-Wasser | 0,5 | 0,2...0,5 | 0,01...0,03 | 0,5...1,0 |
| entionisiertes Wasser Deionat | 0,1...1,0 | <0,1 (Chloride) | | |

**Ammonium-Stickstoff ($NH_4^+$, N)**

Ammonium-Stickstoff ist in vielen oberirdischen Gewässern, in einigen Grundwässern sowie in allen häuslichen und oft auch in gewerblichen Abwässern enthalten. Die Form, in der Ammonium-Stickstoff vorkommt, ob als $NH_4^+$-Ion oder als $NH_4OH$ bzw. $NH_3^+$, hängt vom pH-Wert des Wassers ab. Eisenwerkstoffe werden ab einem Gehalt von mehr als 20 mg/l angegriffen. Kupfer und Kupferlegierungen korrodieren und sollen bei Anwesenheit von Ammoniumsalzen und Ammoniak nicht verwendet werden.

**Eisen (Fe)**

Eisen kann in Wasser in Form von Eisen(II)- und Eisen(III)-Ionen, in ungelösten Verbindungen oder kolloidal gelöst sowie in organischer Bindung vorliegen. Außerdem kann Eisen in sog. Komplexen vorkommen, vor allem in Abwässern. Eisen kann bestimmt werden als:

- Gesamteisen, d.h. die Summe der gelösten und ungelösten Eisen,
- Gesamtes gelöstes Eisen, d.h. die Summe von Eisen(II)- und Eisen(III)-Verbindungen.

Eisen ist korrosionschemisch unbedenklich. Bei einem Gehalt von über 0,2 mg/l fällt, steigend mit zunehmendem Fe- und $O_2$-Gehalt, Ockerschlamm aus, der sich in Rohrleitungen bei niedrigen Strömungsgeschwindigkeiten absetzt.

**Mangan ($Mn^{2+}$)**

Mangan ist korrosionschemisch unbedenklich. Bei höherem Gehalt als 0,1 mg/l kommt es wie bei Eisen zu Ablagerungen.

*Oxidierbarkeit Mn (VII) zu Mn (II)*

Die Oxidierbarkeit ist ein Maß für die biologische Verunreinigung eines Wassers. Sie wird ausgedrückt in g/m³ $O_2$. Vorkommende Werte:

- reines Grundwasser 0,7 ... 2 g/m³
- reines Oberflächenwasser 2,5 ... 7,5 g/m³
- verschmutztes Wasser 5 ... 38 g/m³
- stark verschmutztes Wasser (Moorwasser) > 75 g/m³

Korrosionsgefahr durch organische Stoffe besteht erst, wenn z.B. Ablagerungen entstehen (Gefahr von Lochfraß) oder dass sich aus Eiweißverbindungen Schwefelwasserstoff bildet.

In Moorwässern besteht jedoch eine Korrosionsgefahr durch Huminsäuren, die stark eisenaggressiv sind.

## 3.2 Aufbereitungssysteme

Um den Anteil der Stoffe im Wasser zu reduzieren, die zu Ablagerungen, Korrosion und Gasentwicklung führen, werden im Anlagenbau folgende Systeme angewendet:

- Die **festen Bestandteile** werden durch Feinfilter (Maschenweite ca. 10 µm) entfernt.
- Die **gelösten Bestandteile** können durch die Ionen-Bindungskräfte in sog. Ionenaustauschern abgeschieden werden (im Anlagenbau am meisten angewendet). Eine andere Möglichkeit ist das «Abfiltern» in sog. Osmose-Anlagen, wobei hier durch die Maschenweite der Osmosefläche, einzelne Molekühlgruppen nur durchströmen können.
- Eine 3. Möglichkeit ist das **Verdampfen** von Wasser mit anschließender Kondensation. Hierbei ist jedoch der Energieaufwand zu beachten (z.B. Meerwasserentsalzung).

Für **kleine Anlagen** ohne geregelte Wasseraufbereitung wird das zum Füllen und Ergänzen der Anlage notwendige Wasser dem Trinkwassernetz entnommen.

Zur Vermeidung eventuell möglicher Schäden durch Kalkablagerungen und Sauerstoffkorrosion wird empfohlen, unter fachlicher Beratung, die Anlage bei der ersten Füllung durch Zugabe entsprechender Inhibitoren zu schützen und später gelegentlich zu kontrollieren, ob der Korrosionsschutz noch wirksam ist.

Für **größere Anlagen** ist zur Verhütung einer Kesselsteinbildung mindestens eine Enthärtung des Füll- und Zusatzwassers erforderlich. Dies hat jedoch zur Folge, dass sich auf der Oberfläche von Eisenwerkstoffen keine Schutzschicht bilden kann und das Wasser aggressiv wird, wenn freier Sauerstoff und freie Kohlensäure vorhanden sind. Vor allem Sauerstoff führt zu schwerwiegenden Korrosionsschäden (Lochfraß).

Eine Entgasung oder eine chemische Sauerstoffbindung zum Korrosionsschutz ist deshalb notwendig, wenn das System wirtschaftlich betrieben werden soll.

**Enthärtung**

Eine Enthärtung kann durch verschiedene, dem Bedarfsfall angepasste Verfahren erfolgen:

- ❑ Entkarbonisierung,
- ❑ Fällungsenthärtung mit Chemikalien,
- ❑ Enthärtungsionenaustausch.

Die Fällungsenthärtung mit einer Zugabe von Kalk, Soda, Natronlauge oder Trinatriumphosphat bedingt ein Abschlämmen der ausgefällten Härtebildner.

**Entsalzung**

Eine Entsalzung kann erfolgen als:

- ❑ Teilentsalzung, ein Entkarbonisierungs- und Enthärtungsverfahren,
- ❑ Vollentsalzung, mit Entfernung sämtlicher im Wasser enthaltenen Ionen. Die Bezeichnung dieser Wässer ist **VE-Wasser** und Deionat.

**Entgasung**

Da die Gaslöslichkeit in Wasser von der Temperatur abhängig ist, besteht die Möglichkeit, durch Temperierung des Wassers, die Gasmenge im Wasser zu reduzieren. Eine weitere Möglichkeit ist die chemische Entgasung.

### 3.2.1 Ionenaustauscher

Zur Vermeidung von Steinbildung werden dem Wasser üblicherweise Calcium- und Magnesiumionen durch die Behandlung in einem Ionenaustauscher entzogen. Die Kunststoffkugeln der Austauschermasse sind mit Natriumionen beladen, die gegen die Calcium- und Magnesiumionen des zu behandelnden Wassers ausgetauscht werden.

Wenn die Austauschkapazität erschöpft ist, findet eine Regenerierung mit Natriumchloridlösung statt, wobei die dann in höherer Konzentration vorliegenden Natriumionen durch die an das Harz gebundene Calcium- und Magnesiumionen ausgetauscht werden.

Diese Anlagen werden üblicherweise als Doppelanlagen installiert, wobei nach Erschöpfung der 1. Anlage automatisch auf die 2. Anlage umgeschaltet wird, während dann die 1. Anlage in dieser Zeit regeneriert wird (Bild 3.2).

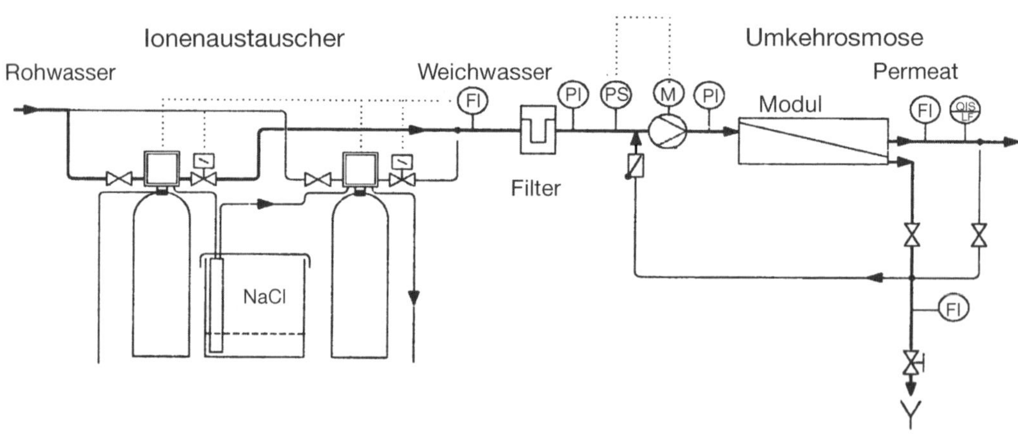


Bild 3.2 Ionenaustauscher mit nachgeschalteter Umkehrosmose [7]

### 3.2.2 Umkehrosmose

Rohwasser, das frei von ungelösten Stoffen und möglichst enthärtet sein sollte, fließt zunächst über ein Feinfilter zur Druckerhöhungspumpe. Das Wasser wird dann durch eine halbdurchlässige Membrane gedrückt, wobei hier die Salzteilchen nicht die Membrane durchwandern können und sich konzentrieren (Konzentrat).

Die Anlagen arbeiten meist bei einem Betriebsüberdruck von ca. 12…16 bar. Der Restsalzgehalt im Reinwasser, dem Permeat, liegt zwischen 2…5 % vom Ausgangswert. Üblicherweise wird die Umkehrosmoseanlage mit einem Recovery von 75 % betrieben, d. h., aus 100 l/h Rohwasserteilen bilden sich 75 l/h salzarmes Permeat und 25 % salzhaltiges Konzentrat. Der Salzgehalt im Konzentrat ist ca. 4fach höher als im Rohwassereingang.

Über ein Leitwertmessgerät wird die Permeatqualität überwacht. Falls erforderlich, werden Erstpermeatableitung, Zwangspülmaßnahmen usw. ausgelöst. Im Gegensatz zum Ionenaustauschverfahren werden keine Regenerierchemikalien eingesetzt. Aus diesem Grunde zählt auch die Umkehrosmose mit zu den umweltfreundlichen Aufbereitungsverfahren.

Weil eine Regeneration, wie bei Ionenaustauschern notwendig, entfällt, kann die Umkehrosmose kontinuierlich betrieben werden. Der Bedienungs- und Wartungsaufwand ist sehr gering. Allerdings sollten größere Stillstandszeiten vermieden werden.

### 3.2.3 Entgasung

Das zu entgasende Wasser wird üblicherweise über Rieselbleche (damit größere Wasseroberfläche) geleitet. Durch Aufheizen des Wassers (bei atmosphärischen Anlagen) auf etwas über 100 °C (ca. 102 °C), werden die Gase fast vollständig aus dem Wasser ausgegast (Bild 3.3).

Es besteht auch die Möglichkeit bei niedrigeren Temperaturen zu entgasen, jedoch muss dann die Anlage unter Vakuum betrieben werden.

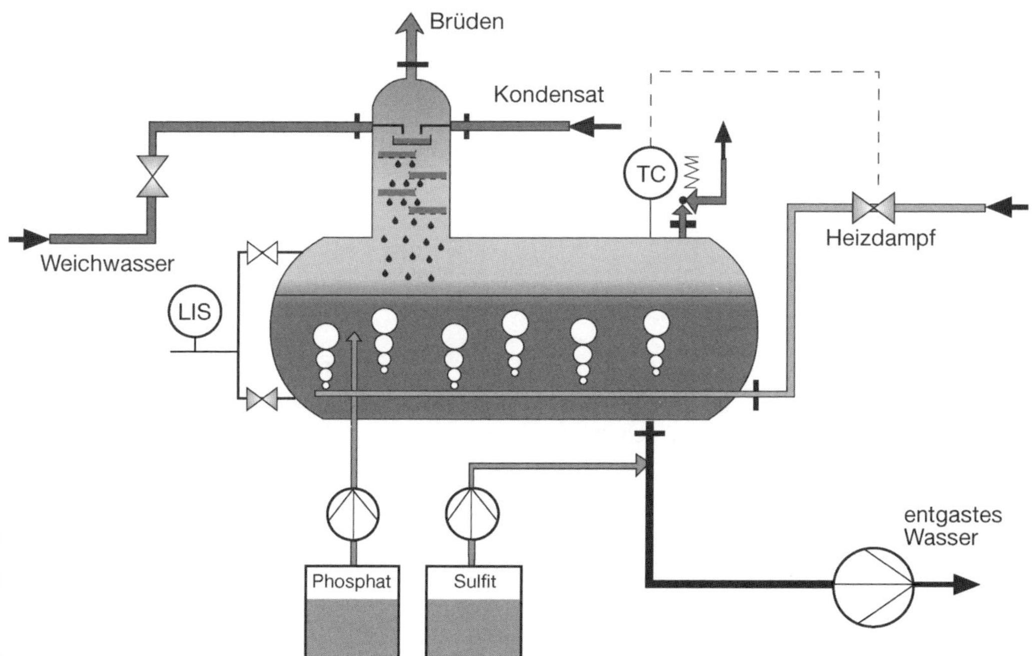


Bild 3.3 Thermische Entgasung

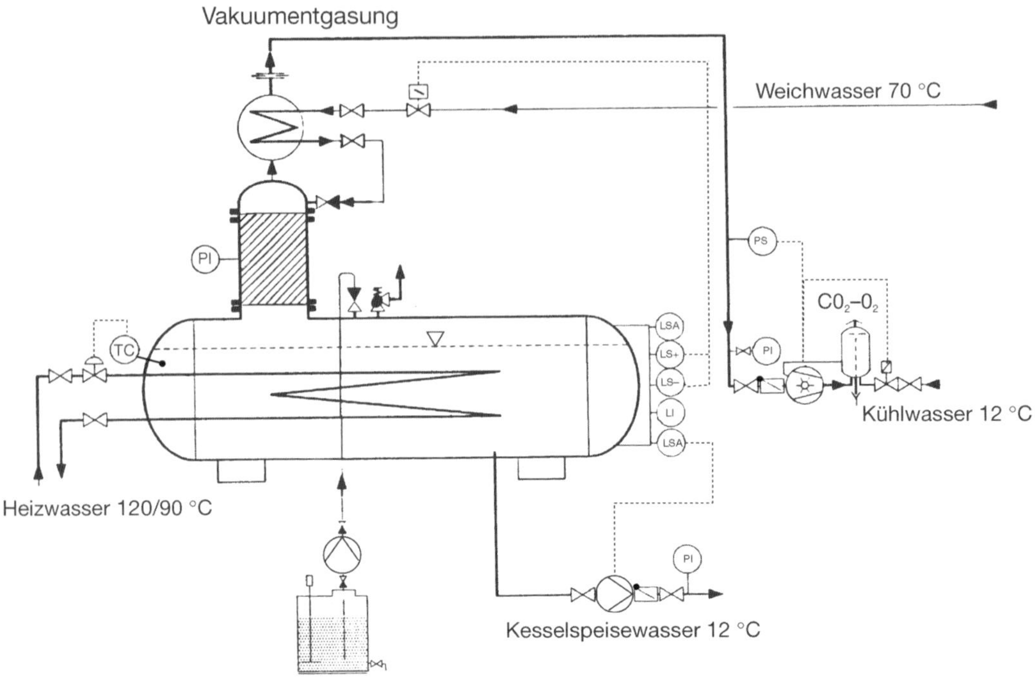

Bild 3.4 Vakuumentgasungsanlage

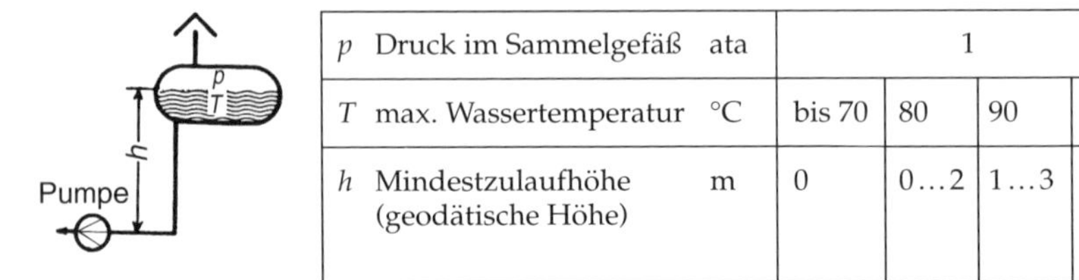


| $p$ Druck im Sammelgefäß | ata | 1 | | | | Sattdampfdruck |
|---|---|---|---|---|---|---|
| $T$ max. Wassertemperatur | °C | bis 70 | 80 | 90 | 100 | Siedetemperatur |
| $h$ Mindestzulaufhöhe (geodätische Höhe) | m | 0 | 0…2 | 1…3 | 3…6 | 3…6 je nach Pumpe und Betriebsdaten |

Bild 3.5 Mindestzulaufhöhe zur Speisepumpe vom Entgaser (Anhaltswerte)

Bei einem Rieselentgaser, Betriebsdruck 0,3 bar, kann ein Restsauerstoffgehalt von 0,1 mg/l, bei einer Kombination mit einem Nachentgaser bzw. Aufkochvorrichtung von 0,02 mg/l sowie ein Restkohlensäuregehalt ($CO_2$) von $<1$ mg/l erreicht werden (Bild 3.4).

Um Kavitation in den Absaugpumpen (siehe NPSH-Wert der Pumpe) des Entgasers zu verhindern, werden die Entgasungsanlagen ca. 3,5 m oberhalb der Pumpen aufgestellt (Bild 3.5).

**Chemische Bindung von Sauerstoff**

Durch eine zusätzliche Dosierung von Restsauerstoffbindemittel, wie Natriumsulfit, Hydrazin und Alkalisierungsmittel, Ammoniak oder Trinatriumphosphat, kann das Wasser allen Anforderungen entsprechend nachbehandelt werden.

Die Reaktion mit **Natriumsulfit** ($Na_2SO_3$) lautet:

$$H_2O + O_2 + 2\,Na_2SO_3 \rightarrow H_2O + 2\,Na_2SO_4 \quad \text{(Gl. 3.1)}$$

Kommt **Hydrazin** ($N_2H_4$) zum Einsatz, erfolgt die Reaktion gemäß:

$$H_2O + O_2 + N_2H_4 \rightarrow 2\,H_2O + N_2 \quad \text{(Gl. 3.2)}$$

Bei Natriumsulfit erfolgt die Bindung des Sauerstoffs unter Bildung von Natriumsulfat, d. h., der Salzgehalt des Wassers wird erhöht. Bei Einsatz von Hydrazin wird der Sauerstoff ohne Salzanreicherung unter Bildung von flüchtigem Stickstoff gebunden. Ein Überschuss von Natriumsulfit ist nicht dampfflüchtig.

Bei Hydrazin wird der Überschuss in Stickstoff und Ammoniak aufgespalten, wodurch auch ein Schutz des Dampf- und Kondensatsystems erreichbar ist.

Zur Sauerstoffbindung von 1 g werden ca. 15 g Natriumsulfit oder 6 g Hydrazin benötigt.

Hydrazin kann unter normalen Bedingungen beliebig mit Wasser vermischt bzw. verdünnt werden.

Konzentrierte Lösungen sind stark alkalische Flüssigkeiten mit pH-Werten von 12…13. Beim Umgang mit Hydrazin sind daher die bei stark basischen Stoffen üblichen Sicherheitsmaßnahmen unbedingt zu beachten.

In Lebensmittelbetrieben darf Hydrazin nur verwendet werden, wenn durch entsprechende Maßnahmen Vorsorge getroffen ist, dass ein Überschuss den zulässigen Grenzwert mit Sicherheit nicht überschreitet, und Arbeitsschutzmaßnahmen getroffen sind.

### 3.2.4 Absalzung

Beim Verdampfen von Wasser erhöht sich der Salzgehalt des Kesselwassers. Das Gleiche gilt auch für den Verdunstungsvorgang bei Kühlturmanlagen.

Der Salzgehalt ist durch periodisches oder kontinuierliches Ablassen einer bestimmten Kesselwassermenge und durch Nachspeisen von Speisewasser mit sehr viel kleinerem Salzgehalt auf einen ungefährlichen Wert zu begrenzen.

Die erforderliche Entsalzungsmenge beträgt:

$$E_D = (1 - K) \cdot \frac{100 \cdot L_S}{L_K - L_S} \quad \text{(Gl. 3.3)}$$

$$E_W = \frac{100 \cdot E_D}{100 + E_D} \quad \text{(Gl. 3.4)}$$

mit:

- $E_D$ Entsalzungsmenge in % der Dampfleistung des Dampferzeugers
- $E_W$ Entsalzungsmenge in % der Speisewassermenge
- $K$ Verhältnis der zurückkommenden Kondensatmenge zur erzeugten Dampfmenge
- $L_S$ Leitfähigkeit des Speisewassers
- $L_K$ Leitfähigkeit des Kesselwassers

## 3.3 Grenzwerte für die Wasserbeschaffenheit

Damit keine Probleme bei der Anwendung von Wasser und Wasserdampf entstehen, wurden Richtwerte für die einzelnen Anwendungen festgelegt.

### 3.3.1 Kühlwasser

Kühlwasser darf keine Ablagerungen und Ausscheidungen auf den Kühlflächen verursachen und die Kühlflächen nicht korrodieren. Es sollten daher folgende Grenzwerte eingehalten werden:

| | | |
|---|---|---|
| Summe Erdalkalien | 0,7…1,4 | mmol/l |
| Eisen | < 0,3 | mg/l |
| Oxidierbarkeit | < 6 | $g/m^3\ O_2$ |

Tabelle 3.8
Empfohlene Grenzwerte für die Beschaffenheit von Kühlwasser bei Wandtemperaturen unter 60 °C

| | | C-Stahl und Buntmetalle | C-Stahl beschichtet | Kunststoffe Cr-Ni-Mo-Stahl |
|---|---|---|---|---|
| Aussehen | | klar und ohne Bodensatz | klar und ohne Bodensatz | klar und ohne Bodensatz |
| pH-Wert | | 7,5 … 8,5 | 7,5 … 8,5 | 7,5 … 8,5 |
| Gesamtsalzgehalt | ppm | < 1800 | < 2100 | < 2500 |
| elektrische Leitfähigkeit | µS/cm | < 2200 | < 2200 | < 2200<br>< 3000 |
| Calcium (Mindestwert) | Ca | > 20 ppm | > 20 ppm | – |
| ohne Dosierung | °dH | < 2,8 °dH | < 2,8 °dH | |
| m-Wert ohne Härtestabilisatoren | $HCO_3$ | < 1,4 mval/l | < 1,4 mval/l | < 1,4 mval/l |
| m-Wert bei Einsatz von Härtestabilisatoren aus der Produktreihe | $HCO_3$ | < 7 mval/l | < 7 mval/l | < 7 mval/l |
| Chlorid | Cl | < 200 ppm | < 200 | < 200 |
| Sulfat | $SO_4$ | < 300 ppm | < 400 | < 400 |
| Eisen | Fe | < 0,1 ppm | < 0,1 ppm | < 0,1 ppm |
| Mangan | Mn | < 0,1 ppm | < 0,1 ppm | < 0,1 ppm |
| Kupfer | Cu | < 0,5 ppm | < 0,5 ppm | < 0,5 ppm |
| $KMnO_4$-Verbrauch | mg/l | < 100 | < 100 | < 100 |
| Keimzahl | K/l | < 10 000 | < 10 000 | < 10 000 |

Dabei wird für jeden Bestandteil die spezifische Absalzung ermittelt.

| | |
|---|---|
| Salzgehalt (bei Kühlturmbetrieb) | max. 3000 mg/l |
| Chloridgehalt | max. 600 mg $Cl^-$/l |
| Sulfatgehalt | max. 400 mg $SO_4^{2-}$/l. |

Bei austenitischen Werkstoffen im Kühlsystem muss wegen der Lochfraßgefahr der maximale Chloridgehalt weiter abgesenkt werden (Tabelle 3.8).

Eine gefährliche Art von Ablagerungen wird durch Mikroorganismen, wie Bakterien, Algen und Pilze verursacht.

Eine Bekämpfung dieser Organismen kann durch eine Chlorzugabe zum Kühlwasser erfolgen. Die Dauerbelastung durch Chlorierung sollte aus Korrosionsgründen einen Wert von 2 mg freies $Cl_2$/l nicht übersteigen. Eine Stoßbelastung durch höhere Chlorzugaben ist nur für kurze Zeiten zulässig. Aus Gründen des Umweltschutzes sollte man jedoch anstelle von Chlor Bakterizide und Biozide einsetzen.

- Bakterizide sind Wirkstoffe, die in geeigneter Konzentration durch Hemmung von Wachstum und Teilung Bakterien abtöten.
- Biozide sind Umweltchemikalien, die Organismen abtöten. Die Wirkung von Bioziden auf die Mikroorganismen liegt in ihrer Enzymtätigkeit.

Infolge einer sehr guten Anpassungsfähigkeit des mikrobiologischen Lebens an die Umwelt ist eine effektive Kontrolle des gesamten

Kühlsystems erforderlich, damit sichergestellt ist, dass die biologische Aktivität der schädlichen Organismen geschwächt bzw. abgebaut wird.

Bakterizide und Biozide haben im Gegensatz zu Chlor keine korrosive Wirkung auf die in Kühlwasserkreisläufen eingesetzten Werkstoffe.

Wird Flusswasser, Brackwasser oder Meerwasser als Kühlmittel verwendet, muss mit einem Feststoffgehalt in Form von Sand gerechnet werden.

#### Offene Kühlkreisläufe

Bei offenen Kühlturmanlagen ist zu beachten, dass durch die Verdunstung von Wasser eine Konzentration (Eindickung) der festen Stoffe sowie der hochmolekularen Wasserbeimengungen erfolgt.

Um die Qualität des Umlaufwassers zu garantieren, ist somit ständig Wasser mit einer Qualität des entweichenden Dampfes nachzuspeisen (voll entsalztes Wasser, VE-Wasser). Die Zusatzwassermenge addiert sich aus dem Verdunstungsverlust, dem Spritzverlust (ca. 0,1…0,3 % der Umlaufmenge) und der Absalzmenge. Die Absalzmenge ist abhängig von der zulässigen Eindickung.

#### Geschlossene Kühlkreisläufe

Geschlossene Kühlsysteme haben keinen Kühlturm, die Kühlung erfolgt durch Wärmeaustauscher usw. Das Kühlwasser wird nicht eingedickt. Die Zusatzwassermengen sind sehr gering. Das Wasser ist sehr lange im System, es wird praktisch nicht erneuert. Bei diesen Systemen ist hauptsächlich Korrosion zu verhindern (Sauerstoffkorrosion).

#### Warm- und Heißwasseranlagen

Richtwerte für die Wasserbeschaffenheit gibt Tabelle 3.9 wieder.

### 3.3.2 Wasser für Kesselanlagen

Für alle Wässer im Wasser-Dampf-Kreislauf von Wärmekraftanlagen, insbesondere für das Kesselspeisewasser, gelten für die Beschaffenheit Richtlinien des VGB und des TÜV, die in besonderen Regelwerken veröffentlicht sind (Tabelle 3.10).

- ❑ **VdTÜV-Richtlinien** für Kesselspeisewasser und Kesselwasser gelten für Dampferzeuger **bis 68 bar** zulässigen Betriebsüberdruck.

Tabelle 3.9
Richtwerte für Nieder- und Hochdruck-Warmwassererzeuger für Kesseltemperaturen über 100 °C

| Fahrweise | | salzarm | | salzhaltig |
|---|---|---|---|---|
| Richtwerte für Kessel und Kreislaufwasser | | | | |
| allgemeine Anforderungen | | klar ohne Sedimente | | |
| elektrische Leitfähigkeit | µS/cm | 0…30 | 30…100 | 100…1500 |
| pH-Wert bei 25 °C | pH | 9…10 | 9…10,5 | 9…10,5 |
| Sauerstoff ($O_2$) | mg/l | < 0,1 | < 0,05 | < 0,02 |
| gebundene Kohlensäure | mg/l | < 25 | < 25 | < 50 |
| Erdalkalien (Ca + Mg) | mmol/l | < 0,02 | < 0,02 | < 0,02 |
| | °dH | < 0,1 | < 0,1 | < 0,1 |
| Phosphatgehalt ($PO_4$) | mg/l | 1…5 | 1…10 | 1…15 |
| Hydrazin ($N_2H_4$) | mg/l | 0,3…3 | 0,3…3 | 0,3…3 |
| Natriumsulfit | mg/l | – | – | < 10 |

Tabelle 3.10 Anforderungen an das Kesselwasser von Flammrohrkesseln und Schnelldampferzeuger

| Druckstufe | | <1 bar | 1…22 bar | 22…44 bar | <36 bar | <44 bar | <44 bar |
|---|---|---|---|---|---|---|---|
| Betriebsweise | | salzhaltiges Speisewasser >50 µS/cm | | | | salzarm | salzfrei |
| Kesselbauart | | Flammrohr-Rauchrohrkessel | | | Schnell-dampf-Erzeuger | Flammrohr-Rauchrohrkessel | |
| allgemeine Anforderungen | | farblos, klar, frei von ungelösten Stoffen und Schaumbildnern | | | | | |
| pH-Wert bei 25 °C | pH | >9 | <9 | <9 | 9–9,5 | <9 | <9 |
| Säurekapazität bis pH 8,2 (p-Wert) | mval/l | >0,1 | >0,1 | >0,1 | >0,1 | >0,1 | – |
| Erdalkalien (Gesamthärte) | mmol/l<br>°dH | <0,015<br><0,1 | <0,015<br><0,1 | <0,01<br><0,05 | <0,01<br><0,05 | <0,01<br><0,05 | <0,0051<br><0,03 |
| Sauerstoff $O_2$ | mg/l | <0,1 | <0,02 | <0,02 | <0,1 | <0,02 | <0,1 |
| Leitfähigkeit (LF) bei 25 °C Direktmessung | µS/cm | – | – | <500 | <5000 | 5…50 | <5 |
| gebundene Kohlensäure | mg/l | <25 | <25 | <25 | <50 | <10 | <1 |
| Eisen, gesamt Fe | mg/l | – | <0,05 | <0,03 | – | <0,03 | <0,03 |
| Kupfer, gesamt Cu | mg/l | – | <0,01 | <0,05 | – | <0,005 | <0,005 |
| Öl, Fett | mg/l | <3 | <1 | <1 | <1 | <1 | <1 |
| Kieselsäure $SiO_2$ | mg/l | nur Grenzwerte | | | | <2 | <0,05 |
| Phosphat $PO_4$ | mg/l | 10…20 | 10…20 | 5…15 | 5…10 | 10…30 | 5…10 |
| $KMnO_4$-Verbrauch | mg/l | <100 | <150 | <100 | – | <50 | <30 |
| Hydrazin $N_2H_4$ | mg/l | 0,2…0,5 | 0,2…0,5 | 0,2…0,5 | – | 0,2…0,5 | 0,2…0,5 |

❑ **VGB-Richtlinien** gelten für Wasserrohrkessel **ab 64 bar** Betriebsüberdruck.

Beim Betrieb von Dampfkesselanlagen unterscheidet man verschiedene wasserchemische Fahrweisen.

### Alkalische Fahrweise

Bei Umlaufkesseln bis 68 bar zulässigem Betriebsüberdruck herrscht die alkalische Fahrweise mit sauerstofffreiem Speisewasser vor, da nur diese Fahrweise es gestattet, Dampferzeuger mit salzhaltigem Wasser zu betreiben. Korrosion ist unter diesen Bedingungen nur zu vermeiden, wenn eine ausreichende alkalische Reaktion vorliegt. In den meisten Fällen ist eine Alkalisierung mit festen Alkalisierungsmitteln erforderlich. Flüchtige Alkalisierungsmittel reichen hierzu allein nicht aus.

Salzfreies Speisewasser für Umlaufkessel kann allein mit flüchtigen Alkalisierungsmitteln konditioniert werden, wenn die Leitfähigkeit des Kesselwassers stark eingeschränkt wird (gemessene Leitfähigkeit hinter einem starksauren Kationenaustauscher <3 µS/cm). Empfehlenswert ist hierbei die Einhaltung eines pH-Wertes >7 im Kesselwasser. Bei einer Leitfähigkeit >3 µS/cm ist im Kesselwasser ein pH-Wert >9,5 durch feste Alkalisierungsmittel einzustellen.

### Neutrale Fahrweise und kombinierte Fahrweise

Die neutrale und kombinierte Fahrweise setzen salzfreies Speisewasser mit einer Leitfähigkeit hinter einem stark sauren Kationenaustauscher von <0,2 µS/cm voraus.

Nach Dosierung von Oxidationsmittel, wie Sauerstoff $O_2$ oder Wasserstoffperoxid $H_2O_2$, wird unter den genannten Bedingungen bei pH-Werten über 6,5 eine Schutzschicht, bestehend aus Magnetit und Oxiden des 3-wertigen Eisens, aufgebaut.

Während bei der neutralen Fahrweise im Speisewasser ein pH-Wert von >6,5 eingehalten wird, ist bei der kombinierten Fahrweise ein pH-Wert im Speisewasser von 8...8,5 mit flüchtigen Alkalisierungsmitteln einzustellen. Diese Fahrweisen sind im Wesentlichen auf Durchlaufkessel beschränkt.

### Begriffe

Zum Verständnis der Begriffe in den Anforderungstabellen gelten folgende Definitionen für **Wasserarten**:

- **Rohwasser**
  – das vor der Zusatzwasseraufbereitungsanlage zur Verfügung stehende Wasser, unabhängig von einer eventuellen vorhergegangenen außerbetrieblichen Behandlung.
- **Zusatzwasser**
  – zur Ergänzung von Wasserverlusten aufbereitetes Rohwasser. Je nach Aufbereitungsverfahren ist zu unterscheiden zwischen:
  – **Weichwasser**: aufgrund von Ionenaustausch ein von Erdalkalien befreites (enthärtetes) Wasser.
  – **teilentsalztes Wasser**: durch Entkarbonisierung um den Gehalt an Hydrogenkarbonat wesentlich vermindertes und durch Ionenaustausch von Erdalkalien befreites Wasser; durch Umkehrosmose erzeugtes salzarmes Wasser (Permeat).
  – **vollentsalztes Wasser**: durch Ionenaustausch von dissoziierten gelösten Stoffen befreites Wasser, gekennzeichnet durch eine elektrische Leitfähigkeit <0,2 µS/cm und einen Kieselsäuregehalt <0,02 mg $SiO_2$/l.
- **Speisewasser**
  – Zur Speisung des Dampferzeugers verwendetes, in der Regel aus Zusatzwasser und Kondensat bestehendes Wasser nach vollständiger Aufbereitung und Konditionierung; Probenentnahmestelle möglichst vor Kesseleintritt.
  – **salzhaltiges Speisewasser**: ist ein Wasser mit einem Elektrolytgehalt entsprechend einer Leitfähigkeit = 0,2 µS/cm, gemessen hinter starksaurem Probenahme-Kationenaustauscher.
  – **salzfreies Speisewasser**: ist ein Wasser mit einem Elektrolytgehalt entsprechend einer Leitfähigkeit <0,2 µS/cm, gemessen hinter starksaurem Probenahme-Kationenaustauscher. Vorausgesetzt wird, dass nicht freie Basen, z. B. Natriumhydroxid, als Verunreinigungen vorhanden sind.
- **Kesselwasser**
  – das in Natur- und Zwangumlaufkesseln befindliche Wasser, das durch Eindickung während des Betriebes eine vom Speisewasser abweichende Beschaffenheit aufweist.
- **Einspritzwasser**
  – in Heißdampfkühler zur Senkung der Temperatur des überhitzten Dampfes eingespritztes Wasser.
- **Kondensat (Dampfkondensat)**
  – kondensierter Dampf, ohne Vermischung mit Fremdwasser. Das Kondensat aus dem Einspeisesystem hat üblicherweise die Kenndaten gemäß Tabelle 3.11. Das nach der Anwendung zurückgeführte Kondensat sollte die Werte gemäß Tabelle 3.12 nicht überschreiten.

Tabelle 3.11 Dampfkondensatwerte

| | | | |
|---|---|---|---|
| Leitfähigkeit | bei 25 °C | µS/cm | ... 2,5 |
| pH-Wert | bei 25 °C | | 6... 7,5 |
| Summe Erdalkalien | (Härte) | mmol/m$^3$ | ...20 |
| Kieselsäure | $SiO_2$ | mmol/m$^3$ | ... 4 |
| Öl | | g/m$^3$ | nicht nachweisbar |
| Oxidierbarkeit Mn VII → II (als $O_2$) | | mmol/m$^3$ | ...30 |

Tabelle 3.12 Werte für zurückgeführtes Kondensat

| | | | |
|---|---|---|---|
| Leitfähigkeit | bei 25 °C | µS/cm | ... 10 |
| pH-Wert | bei 25 °C | | über 6 ... 10 |
| Summe Erdalkalien | (Härte) | mmol/m$^3$ | ... 100 |
| Kieselsäure | $SiO_2$ | mmol/m$^3$ | ... 8 |
| Öl | | g/m$^3$ | ... 1 |
| Oxidierbarkeit Mn VII → II (als $O_2$) | | mmol/m$^3$ | ... 30 |

# 4 Stoffwerte von Wasser und Wasserdampf

Wasser ist die flüssige Form der Verbindung $H_2O$. Die Dichte reinen Wassers beträgt bei 0 °C: 999,80 kg/m³. Bei der Abkühlung unter 0 °C gefriert Wasser entweder zu einem festen Niederschlag als Schnee oder es erstarrt zu Eis. Die Dichte von Eis bei 0 °C beträgt nur noch 916,74 kg/m³. Die dadurch bedingte Volumenvergrößerung von etwa 9 % beim Gefrieren von Wasser bewirkt das Platzen von mit Wasser gefüllten Bauteilen (Bruchdehnung ≤ 9 %, z. B. Gusseiserne Teile und Glas).

- Bei einer Temperatur von 4 °C und einem Luftdruck von 1013 mbar hat Wasser seine größte Dichte von 1000,00 kg/m³.
- Die Siedetemperatur bei einem Luftdruck von 1013 mbar beträgt 100,0 °C.
- Die Siedetemperatur steigt und fällt mit dem Druck.

**Beispiel**

**Wassererwärmung**

In einen Behälter wird 1 kg gefrorenes Wasser (Eis) eingefüllt und mit einer konstanten Leistung von $Q$ = 1 kW bei konstantem Druck beheizt. Vor dem Einfüllen war das Eis auf –50 °C gekühlt. Bild 4.1 zeigt den zeitlichen Verlauf der Temperatur und die verschiedenen Aggregatszustände: Eis–Wasser–Wasserdampf.

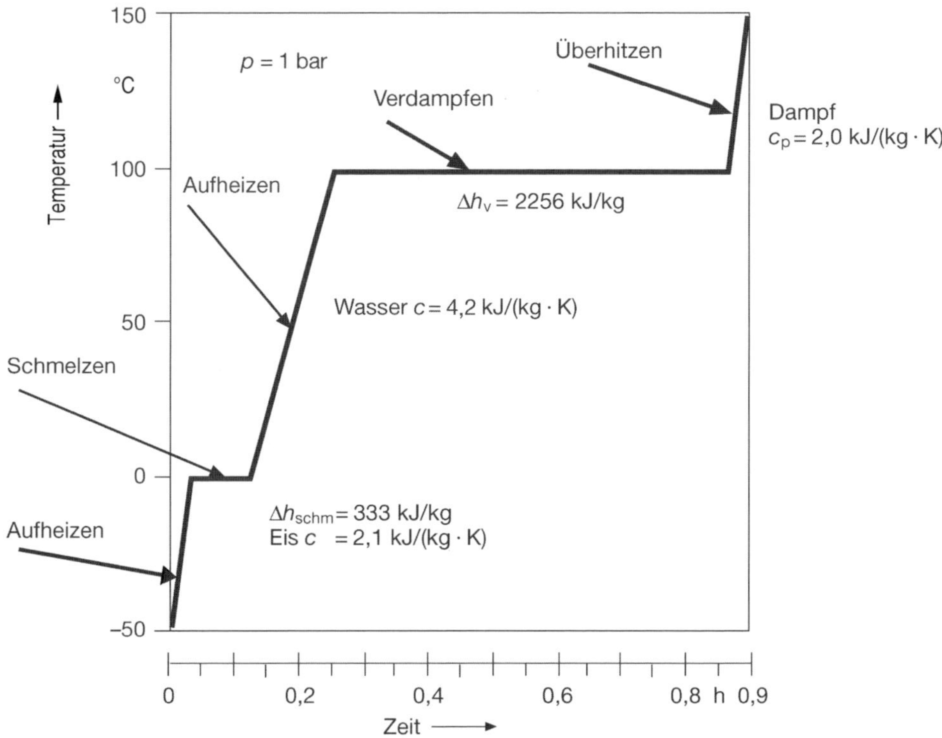


Bild 4.1 Zeitlicher Verlauf beim Aufheizen von 1 kg $H_2O$ mit der Leistung $Q$ = 1 kW bei $p$ = 1 bar

## 4.1 Siedeverlauf

Die Siedetemperatur ist abhängig vom Druck und ist während des Verdampfungsvorganges konstant. Bild 4.2 zeigt die Siedetemperatur in Abhängigkeit vom Dampfdruck bis zum kritischen Punkt von $\vartheta$ = 374,15 °C bei $p$ = 221,20 bar.

## 4.2 Dichte

Die Dichten von Wasser ($\varrho_W$) und Wasserdampf ($\varrho_D$) verändern sich gegenseitig so, dass diese schließlich im kritischen Punkt zusammenfallen (Bild 4.3).

Bei niedrigen Dampfdrücken ist die Dichte von Wasserdampf so gering, dass z. B. bei 2 bar das spezifische Volumen des Dampfes ca. 1000-mal höher ist als das von Wasser (Bild 4.4).

Das Abweichen der Dichte von den idealen Gasgesetzen zum realen Gas, ist als Realgasfaktor Z definiert.

$$\varrho_D = \frac{1}{Z} \cdot \frac{p}{R \cdot T} \qquad \text{(Gl. 4.1)}$$

Bei Dampfdrücken unter 10 bar ist das Dichteverhalten von Wasserdampf, selbst bis zur Sattdampflinie, als ideales Gas ohne all zu große Fehler gegeben (Bild 4.5).

$R = 461{,}5\ \mathrm{J/(kg \cdot K)}$

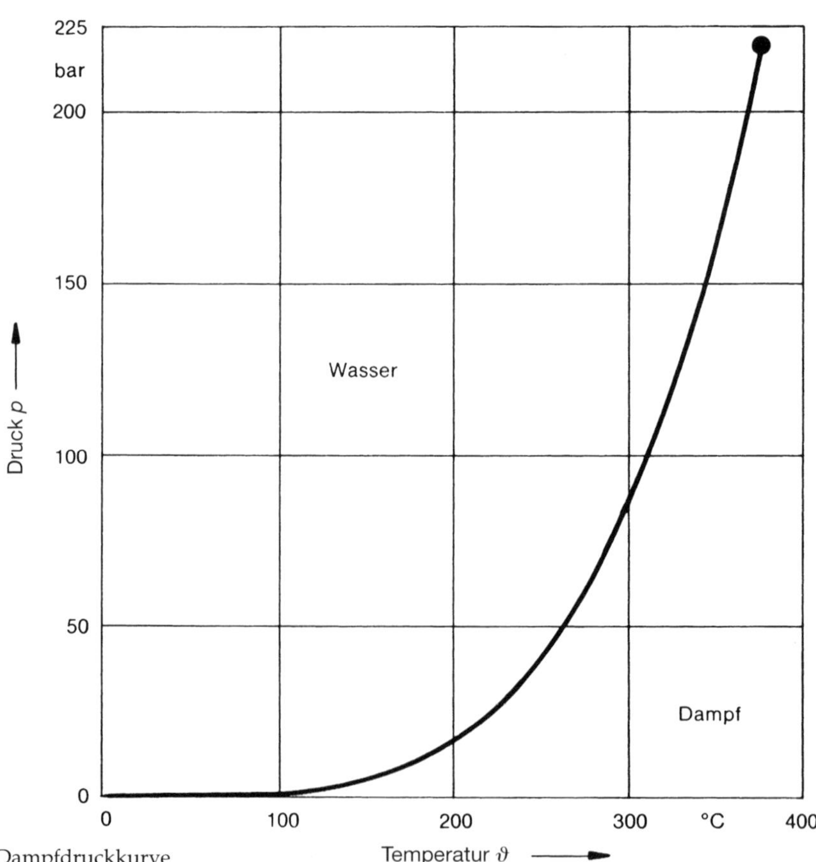


Bild 4.2 Dampfdruckkurve

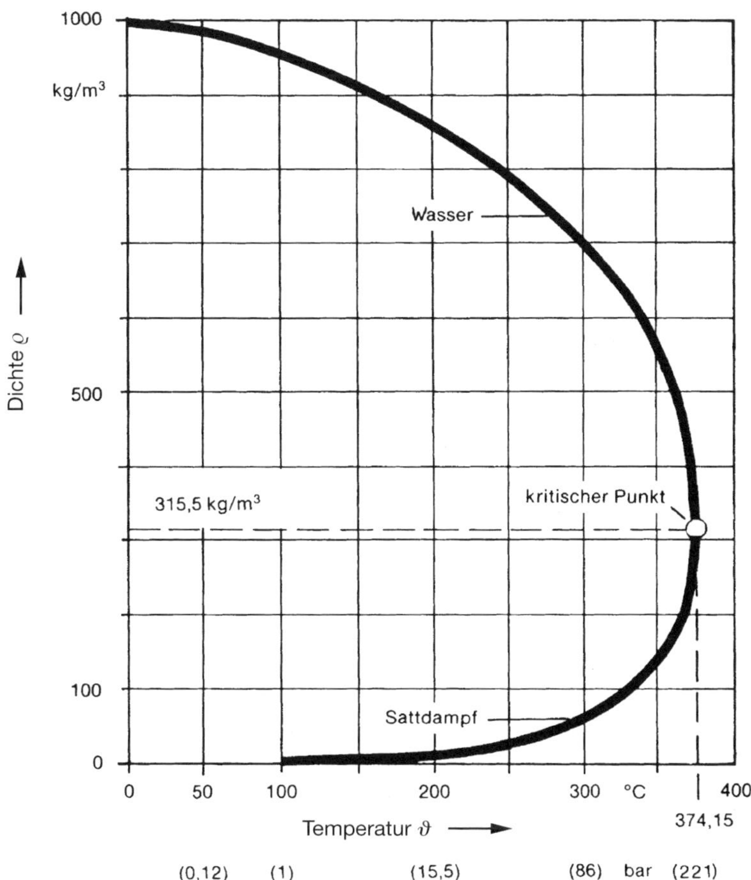


Bild 4.3 Dichte von Wasser und Wasserdampf in Abhängigkeit von der Temperatur bzw. vom Druck

## 4.3 Wahre spezifische Wärmekapazität

Spezifischen Wärmekapazitäten sind aus Bild 4.6 zu entnehmen. Bis 200 °C lässt sich die Abhängigkeit von der Temperatur durch nachfolgende Gleichungen bestimmen: für *siedendes Wasser* (Exponent: ') und *gesättigten Dampf* (Exponent: ''):

$$c'_{p,w} = 4{,}177\,375 - 2{,}144\,614 \cdot 10^{-6} \cdot \vartheta - 3{,}165\,823 \cdot 10^{-7} \cdot \vartheta^2 + 4{,}134\,309 \cdot 10^{-8} \cdot \vartheta^3 \quad \text{(Gl. 4.2)}$$

$$c''_{p,D} = 1{,}854\,283 + 1{,}12\,674 \cdot 10^{-3} \cdot \vartheta - 6{,}939\,165 \cdot 10^{-6} \cdot \vartheta^2 + 1{,}344\,783 \cdot 10^{-7} \cdot \vartheta^3 \quad \text{(Gl. 4.3)}$$

in: kJ/(kg · K)

## 4.4 Wärmeleitfähigkeit

Dieser Stoffwert ist entscheidend für Wärmeübertragungsvorgänge (Bild 4.7).

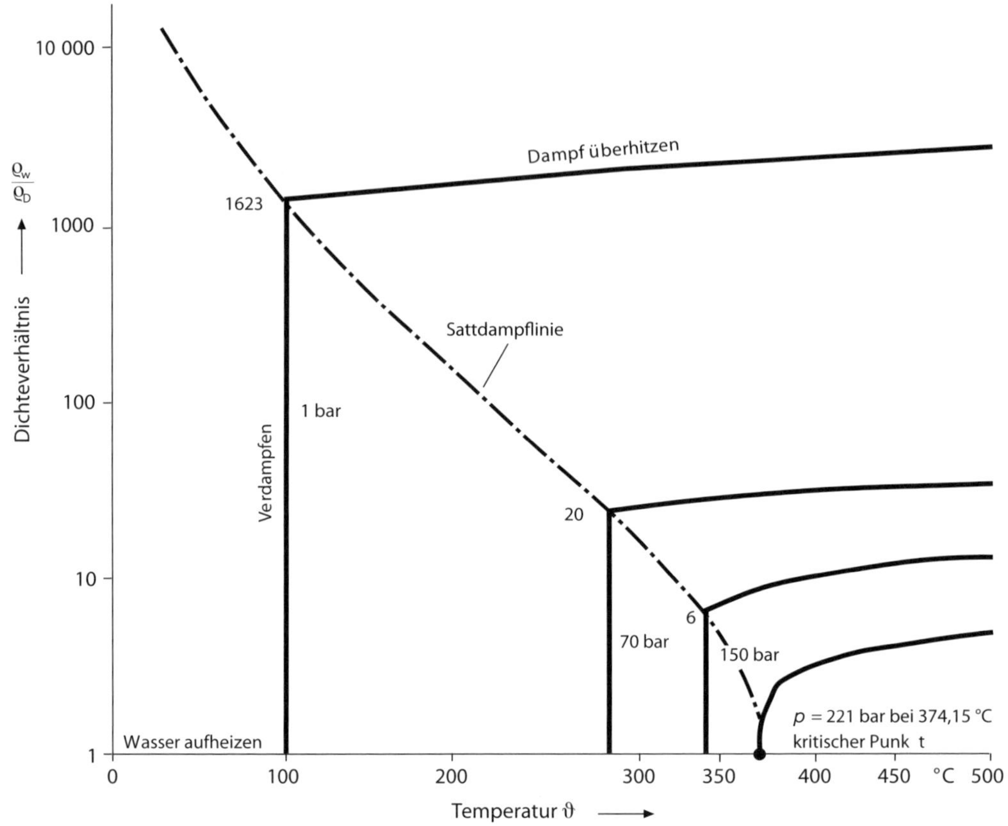

Bild 4.4 Dichteverhältnis von Wasser und Wasserdampf bei verschiedenen Drücken und Temperaturen

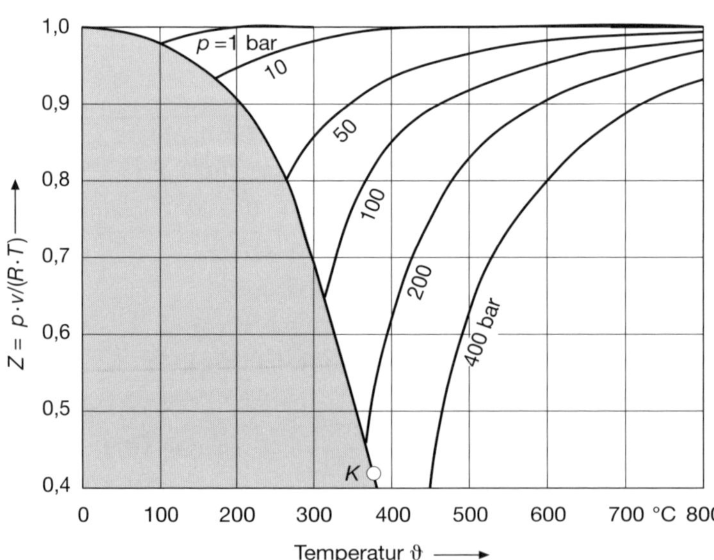


Bild 4.5 Realgasfaktor von Wasserdampf

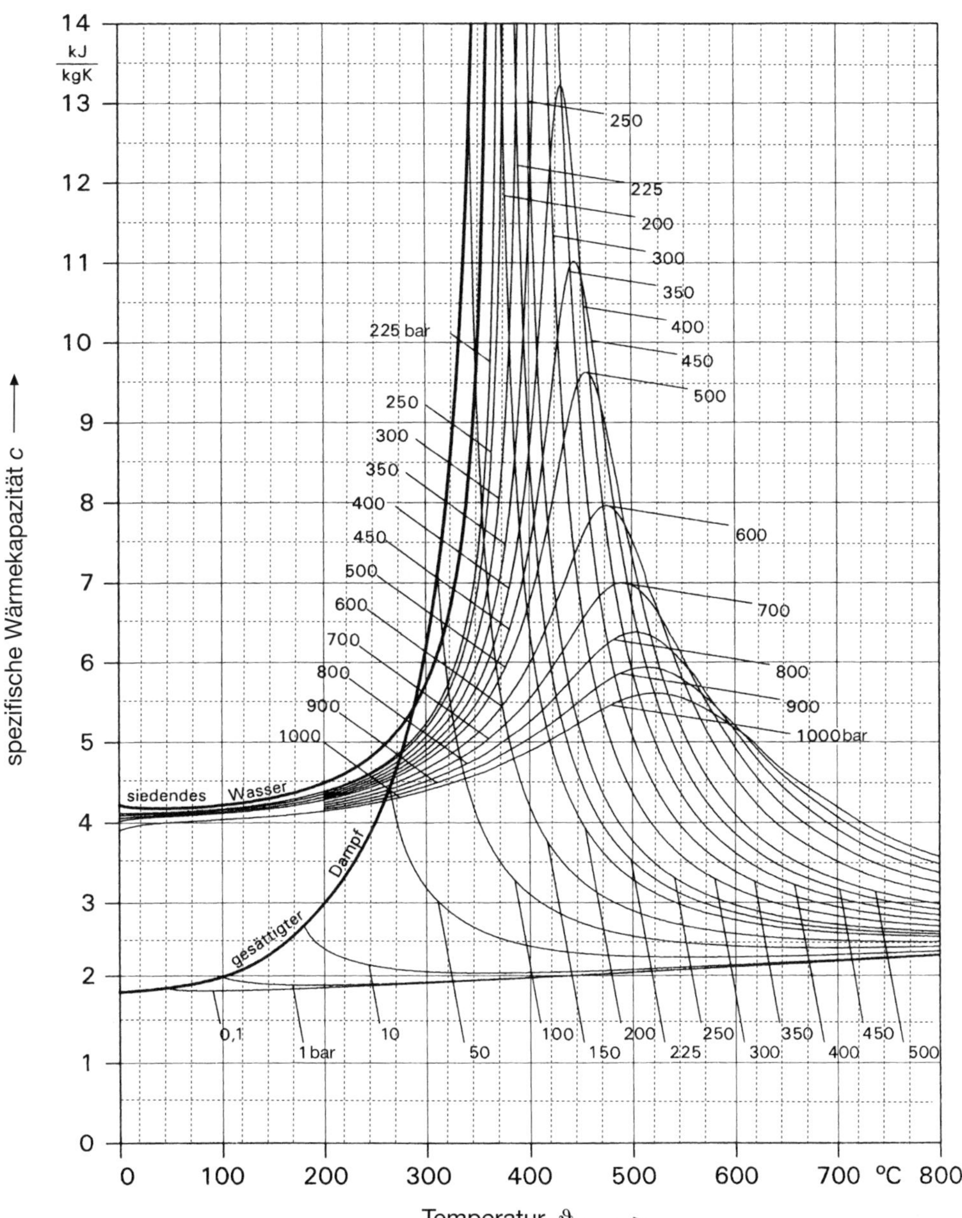


Bild 4.6 Spezifische Wärmekapazität von Wasser und Wasserdampf [6]

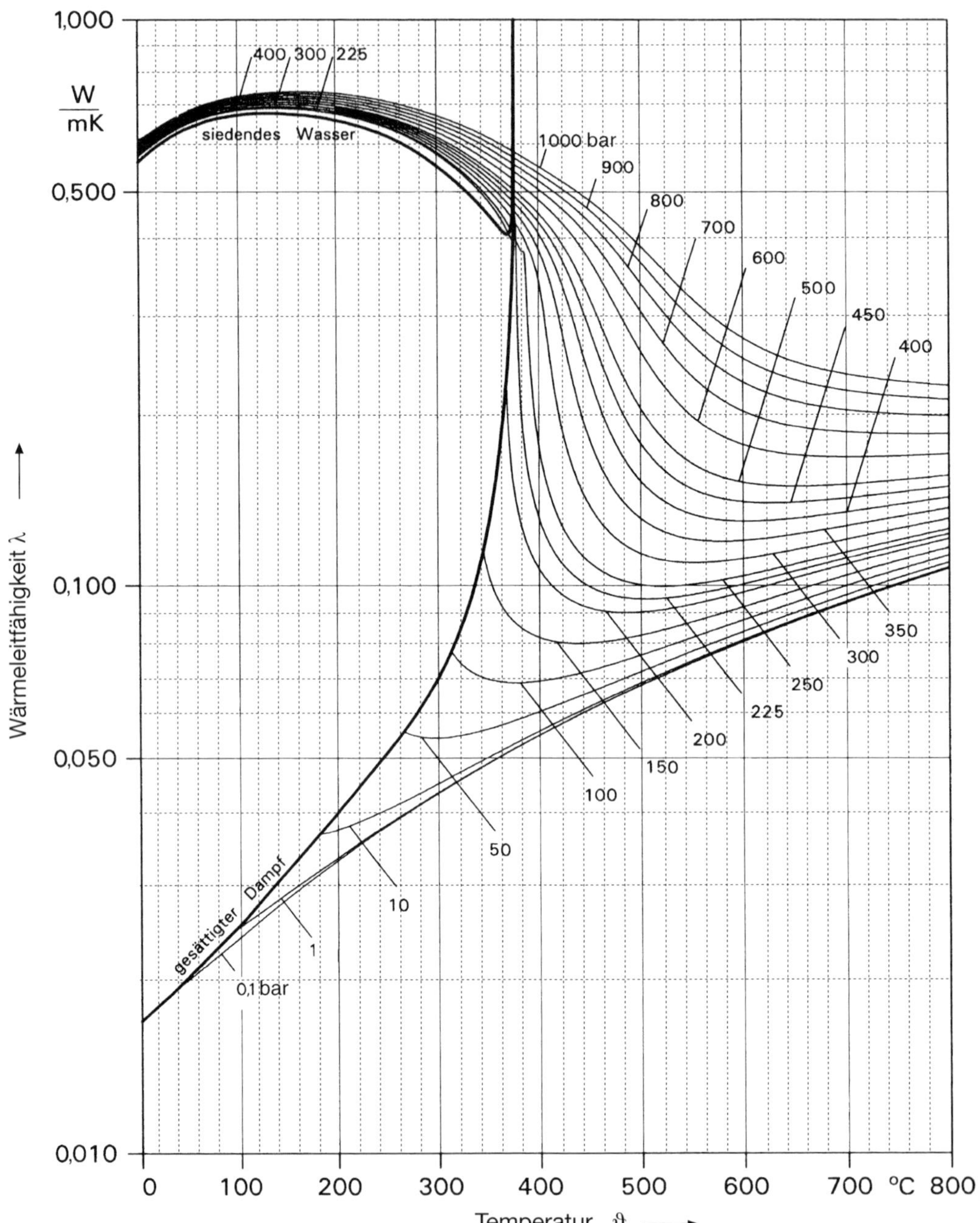


Bild 4.7 Wärmeleitfähigkeit von Wasser und Wasserdampf [6]

## 4.5 Dynamische Viskosität

Die Viskosität ist vor allem in der Re-Zahl enthalten und somit mitbestimmend bei wärme- und strömungstechnischen Vorgängen (Bild 4.8).

## 4.6 Enthalpie-Diagramme

Bei sämtlichen wärmetechnischen Vorgängen ist die Enthalpie (Wärmeinhalt) von ausschlaggebender Bedeutung. Bedingt durch die unterschiedlichen Anwendungsfälle ergab sich die Notwendigkeit, Diagramme mit unterschiedlichen Parametern zu erstellen.

Der Aufwand an zu-, oder abgeführter Wärmeenergie, lässt sich aus den spezifischen Wärmekapazitäten multipliziert mit der Temperaturdifferenz (fühlbare Wärme) sowie aus der Verdampfungsenthalpie (latente Wärme) berechnen, wie dies in Dampferzeugern oder in Wärmeaustauschern einschließlich Kondensatoren erforderlich ist.

Bei $p$ = konst gilt:

$$\Delta q = c_{p,m} \cdot (\vartheta_2 - \vartheta_1) \qquad \text{(Gl. 4.4)}$$

Wird $\vartheta_1 = 0\,°C$ gesetzt, ergibt sich:

$$\Delta q = \Delta h \qquad \text{(Gl. 4.5)}$$

Gebräuchlich sind Enthalpie-Diagramme gemäß Bild 4.9 und Bild 4.10:

## 4.7 Entropie-Diagramme

Der Zustand von Wasserdampf lässt sich ändern durch:

- Zu- oder Abfuhr von Wärme und
- Aufwand oder Entnahme von Arbeit.

Um auch zu- oder abgeführte Wärmeenergien als Flächen darzustellen ($\Delta q = T \cdot \Delta s$), wurde das $T$-$s$-Diagramm (Bild 4.12) entwickelt.

Im $h$-$s$-Diagramm (Bild 4.14) sind die Wärmeenergien als Linien dargestellt, und es können die für die Berechnung wichtigen Enthalpiedifferenzen als senkrechte Strecken abgelesen werden.

Den Verlauf von verschiedenen Zustandsänderungen zeigt Bild 4.14. In Bild 4.15 ist der im Anlagenbau übliche Anwendungsbereich dargestellt.

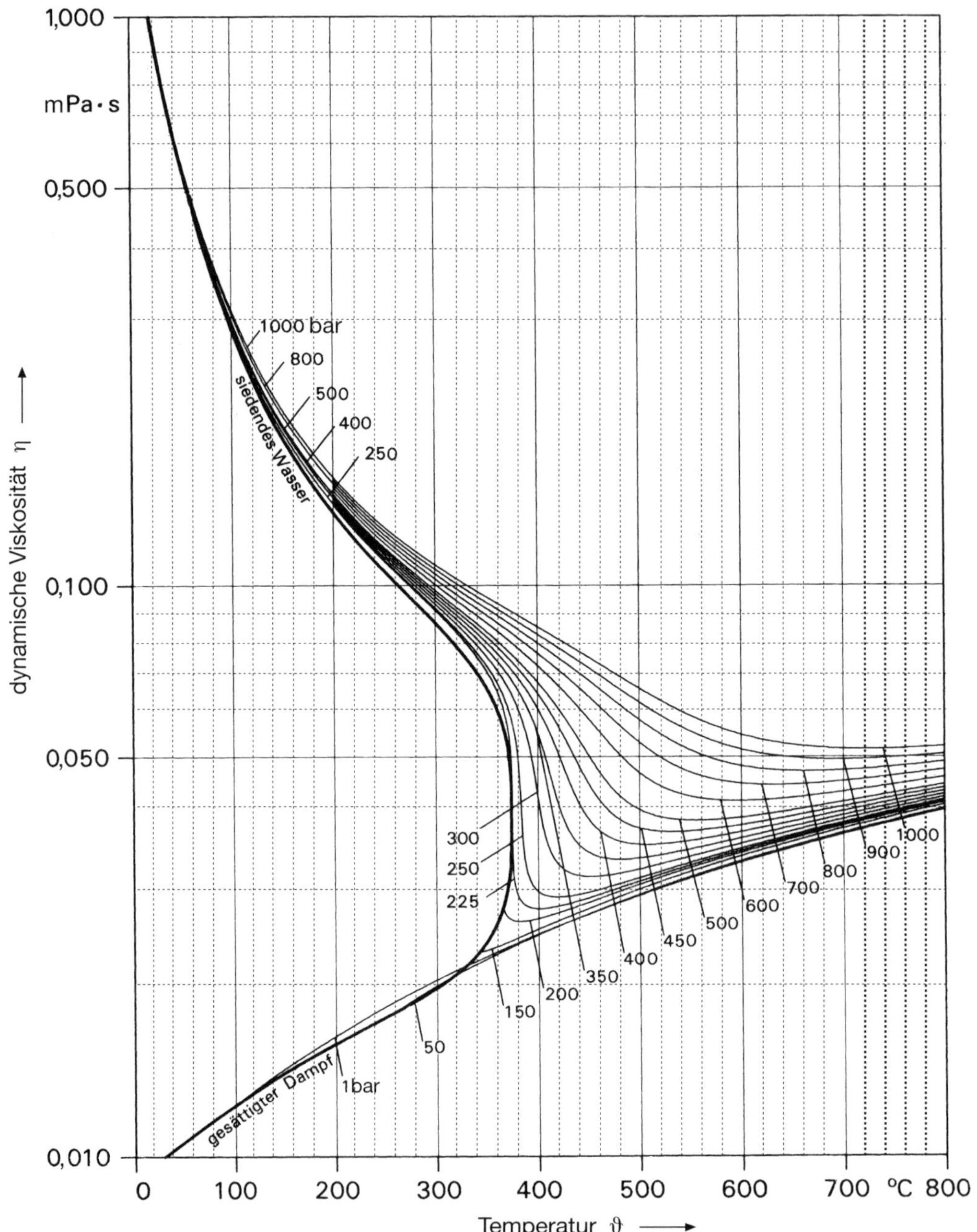


Bild 4.8 Dynamische Viskosität von Wasser und Wasserdampf [6]

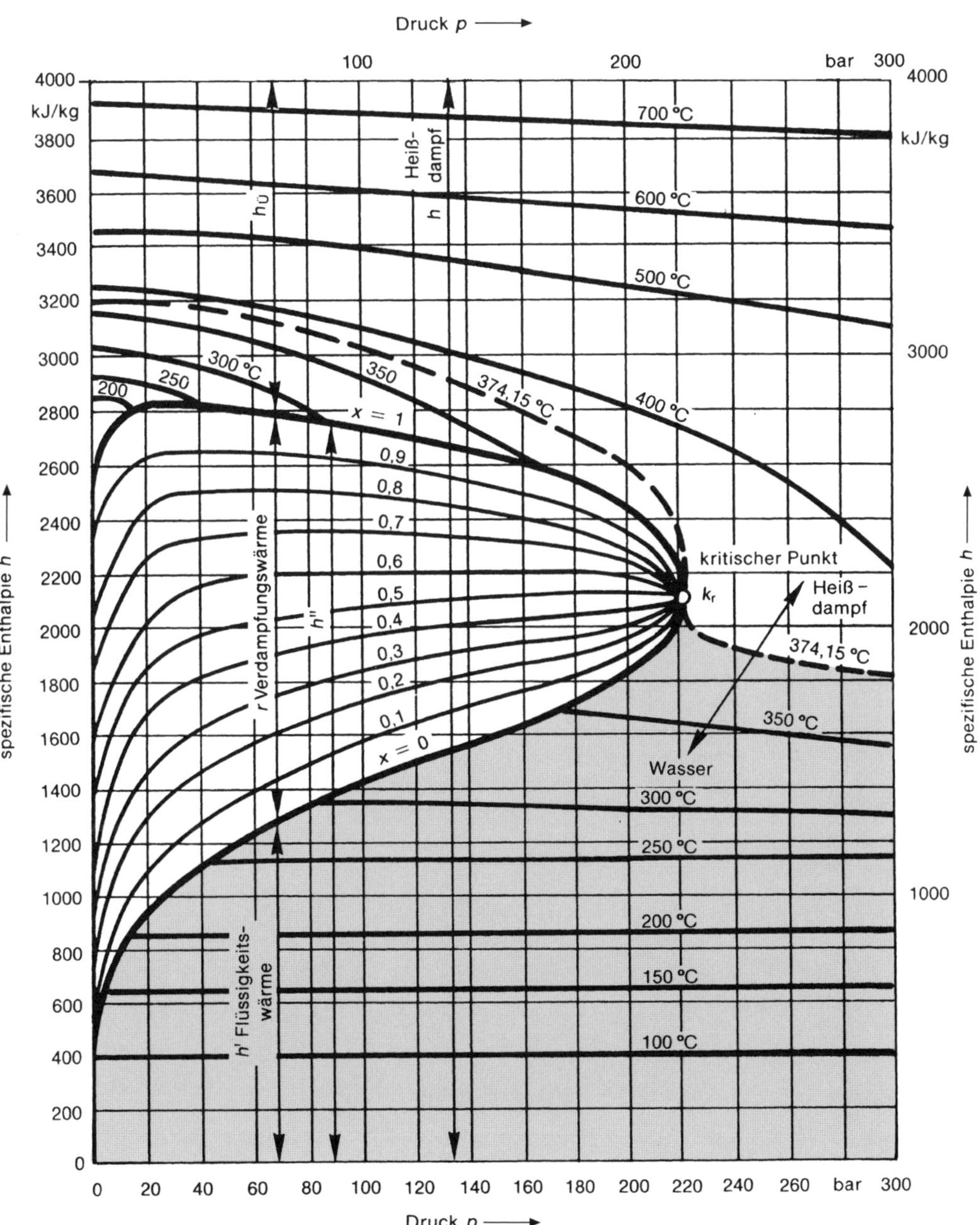


Bild 4.9 *h-p*-Diagramm von Wasser und Wasserdampf

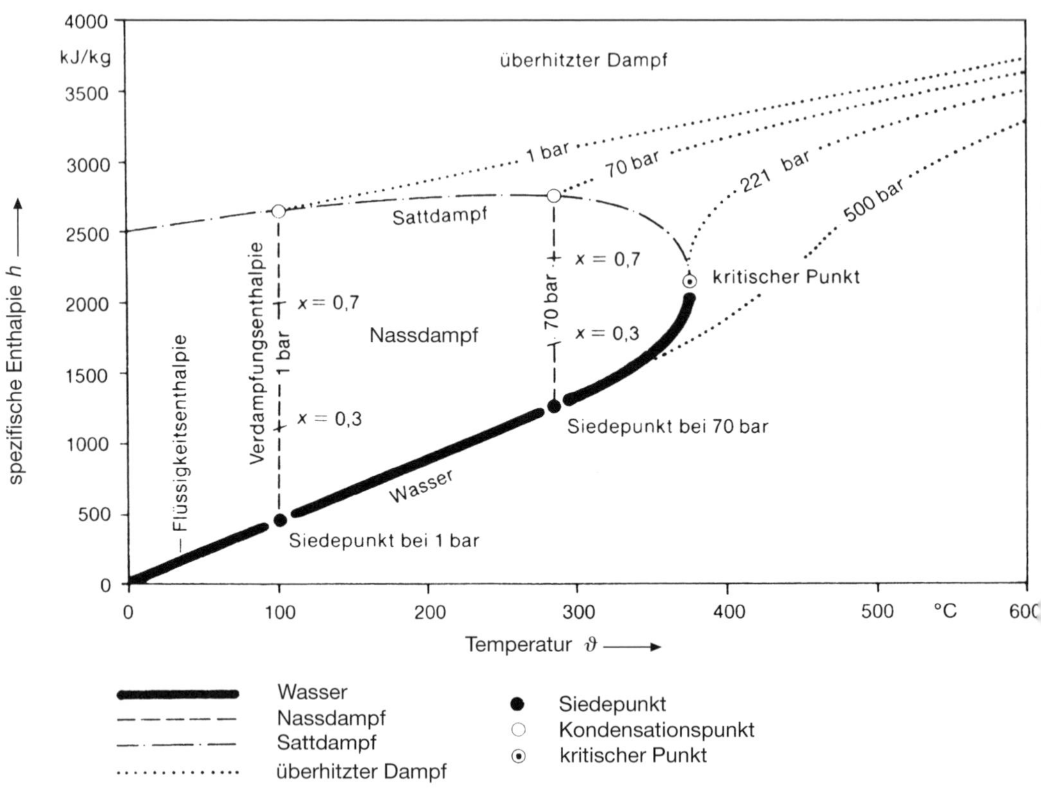


Bild 4.10 *h*-*ϑ*-Diagramm von Wasser und Wasserdampf (Übersicht)

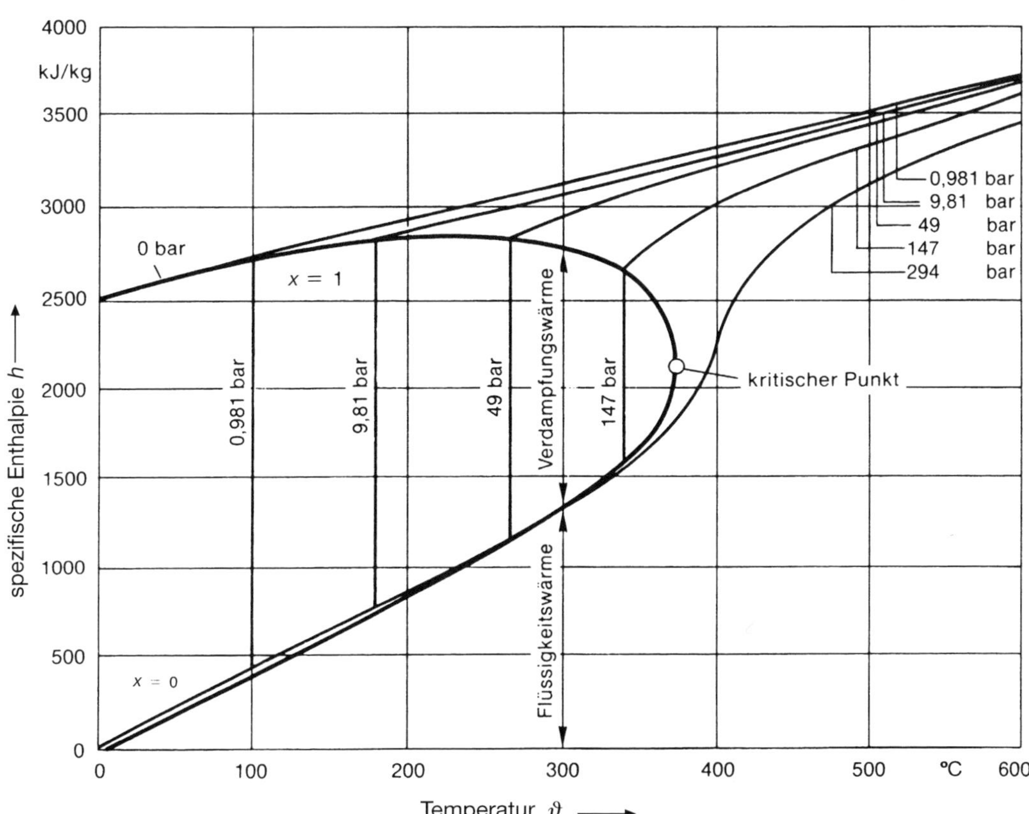


Bild 4.11 $h$-$\vartheta$-Diagramm von Wasser und Wasserdampf

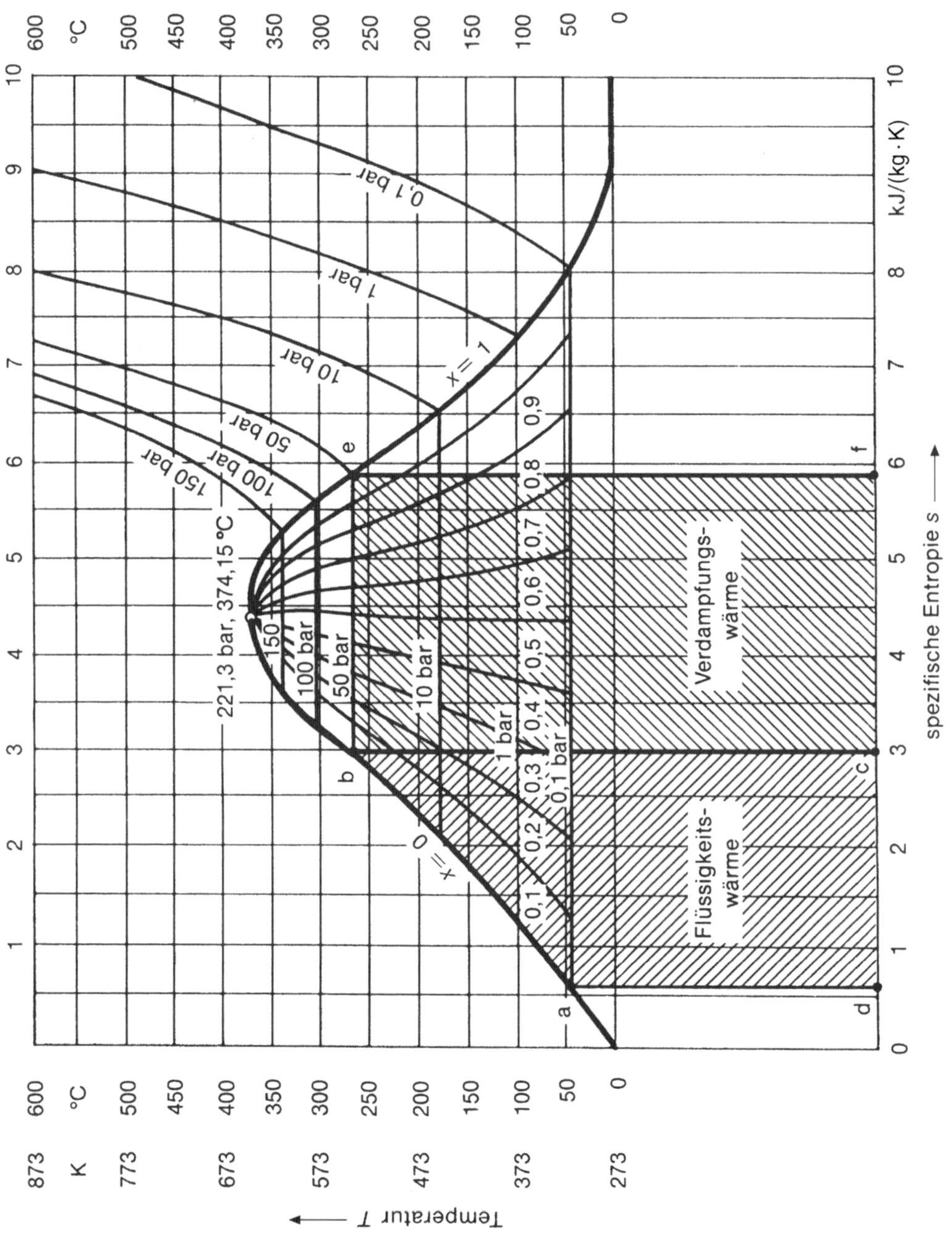

Bild 4.12 *T*-*s*-Diagramm von Wasser und Wasserdampf

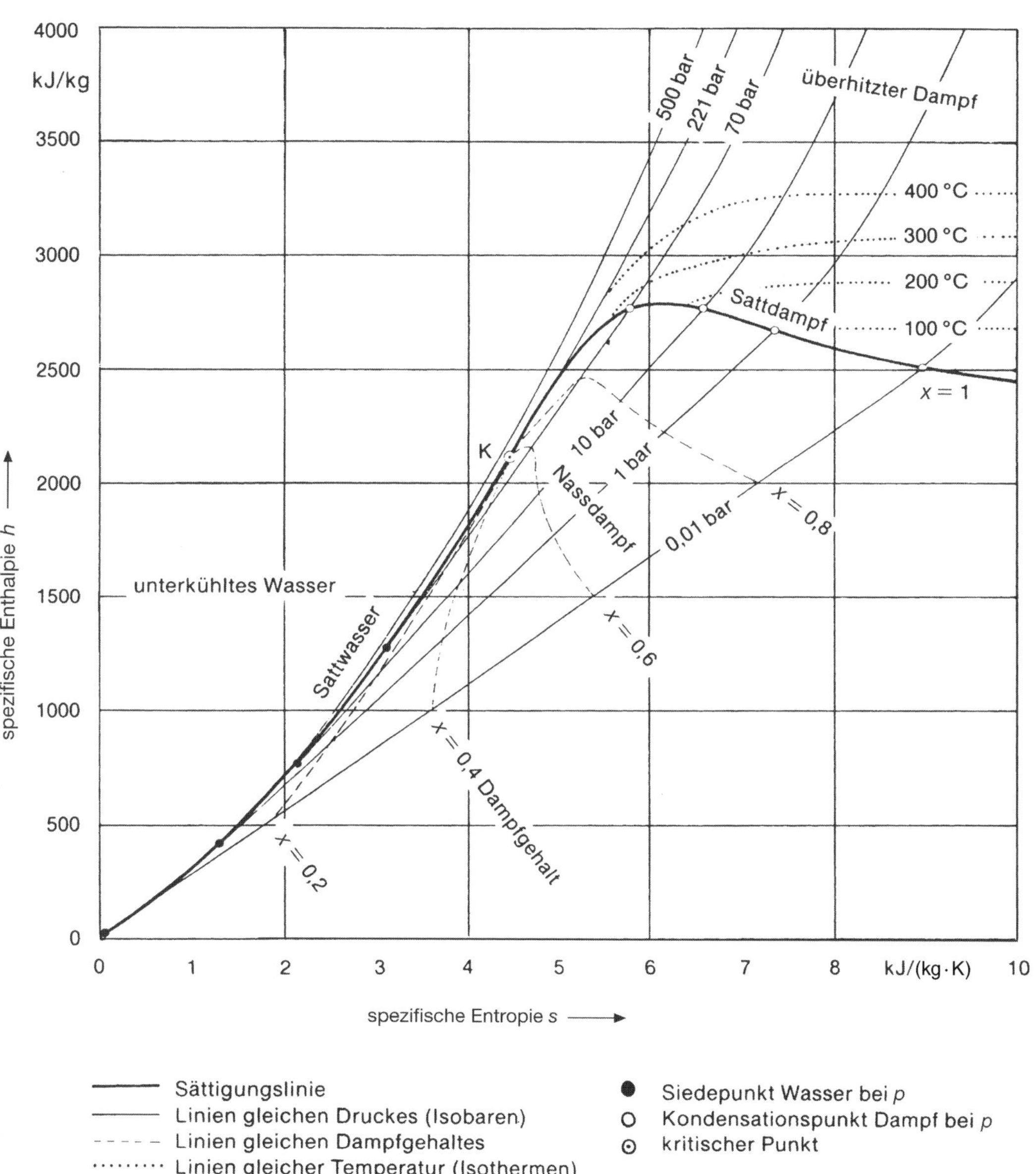


Bild 4.13 *h*-*s*-Diagramm von Wasser und Wasserdampf (Übersicht)

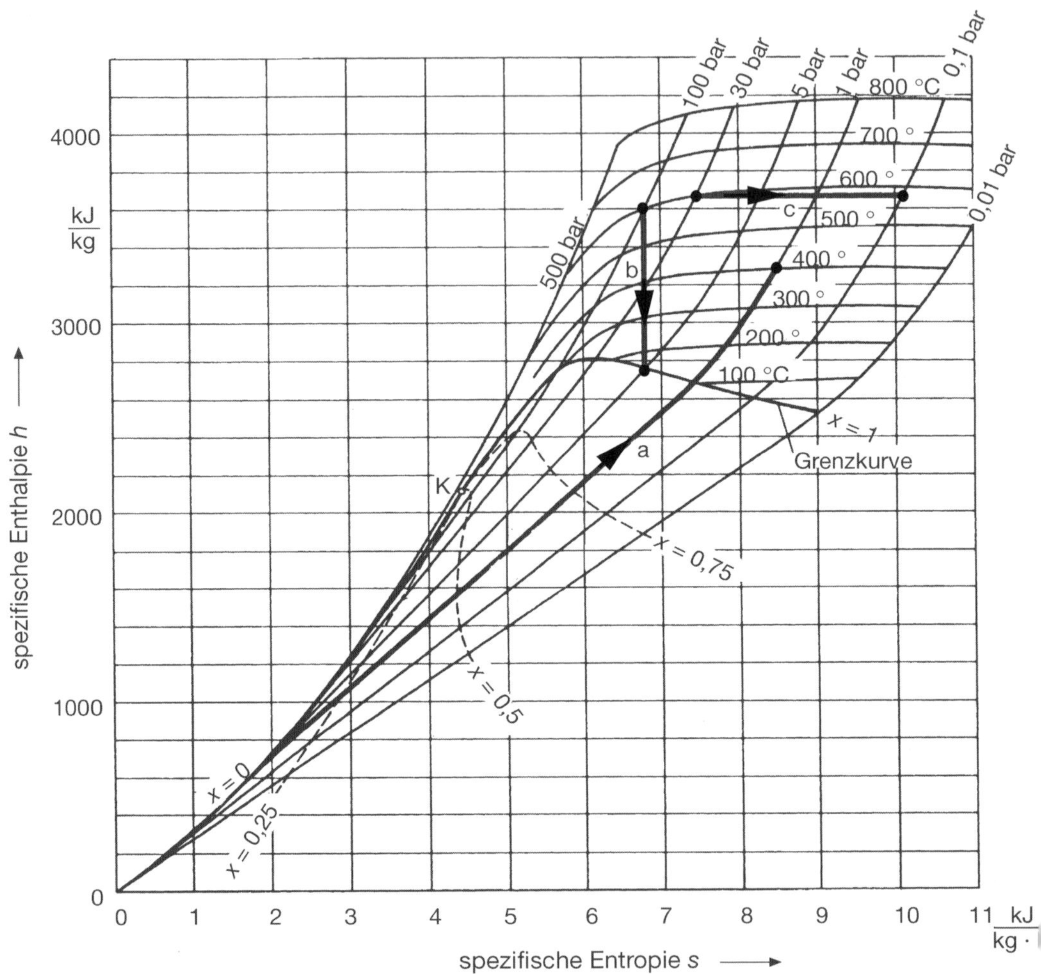


a isobare Wärmezufuhr (Verdampfung und Überhitzung bis 400 °C bei 1 bar); b isentrope Expansion von Dampf von 100 bar 600 °C bis zur Grenzkurve; c Drosselung von Dampf 30 bar, 600 °C auf 0,1 bar

Bild 4.14 *h*-*s*-Diagramm von Wasser und Wasserdampf mit eingetragenen Zustandsänderungen

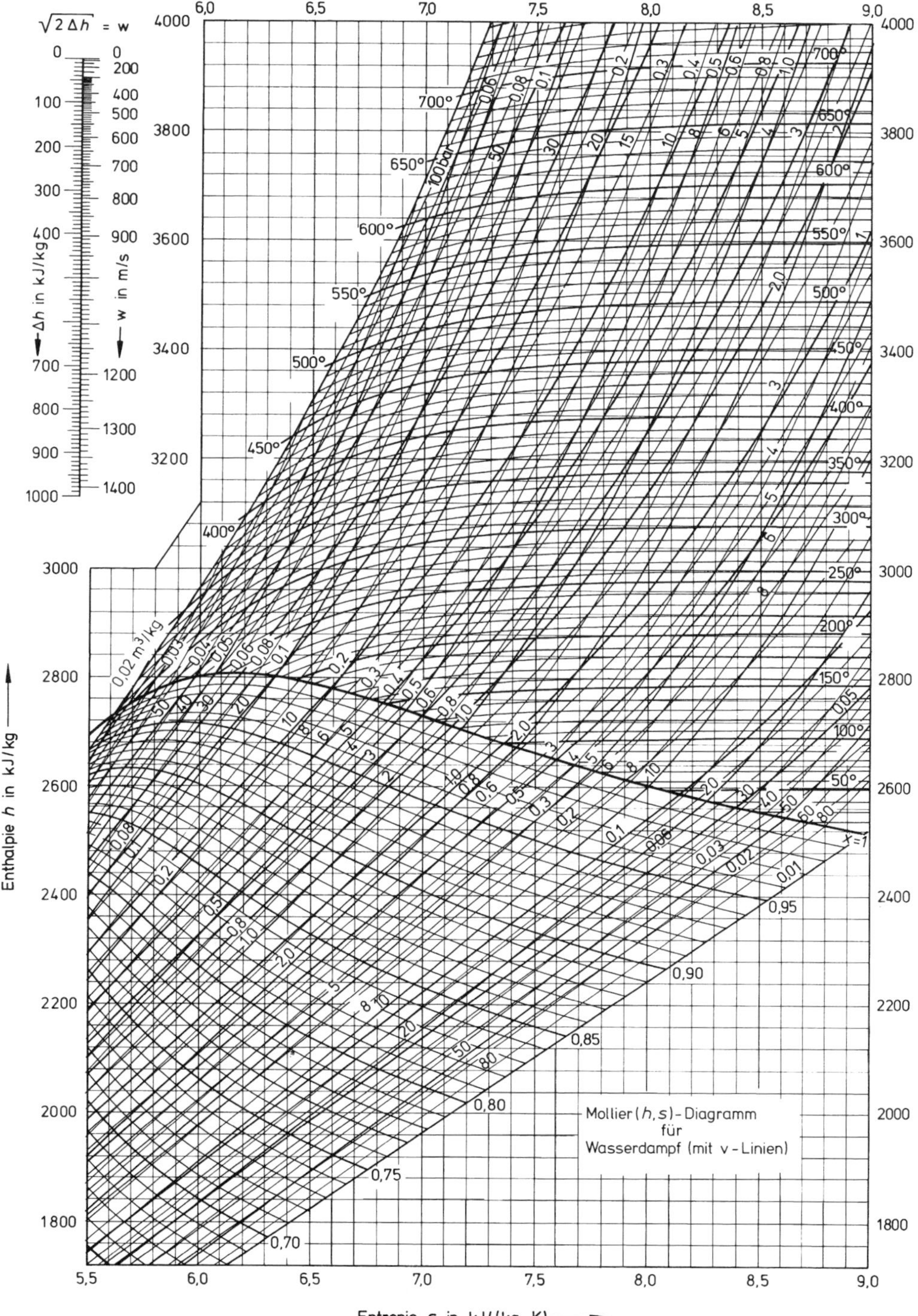


Bild 4.15
*h-s*-Diagramm von Wasser und Wasserdampf (Ausschnitt mit dem relevanten Teil für den Anlagenbau)

## 4.8 Wasser- und Wasserdampftabellen

Tabelle 4.1 zeigt die Stoffwerte von Wasser an der Siedelinie und Tabelle 4.2 die Stoffwerte von Wasserdampf an der Sättigungslinie.

Eine der gebräuchlichsten Unterlagen in der Praxis ist die Wasserdampftafel nach Tabelle 4.3.

Tabelle 4.1 Stoffwerte von Wasser an der Siedelinie

| $\vartheta$ | $p$ | $\varrho$ | $c$ | $\lambda$ | $10^3 \cdot \beta$ | $10^3 \cdot \eta$ | $10^6 \cdot \nu$ | $10^6 \cdot a$ | $Pr$ |
|---|---|---|---|---|---|---|---|---|---|
| °C | bar | $\frac{kg}{m^3}$ | $\frac{kJ}{kg \cdot K}$ | $\frac{W}{m \cdot K}$ | 1/K | $\frac{kg}{m \cdot s}$ | $m^2/s$ | $m^2/s$ | – |
| 0 | 0,9807 | 999,8 | 4,218 | 0,552 | – 0,07 | 1,792 | 1,792 | 0,131 | 13,67 |
| 10 | | 999,7 | 4,192 | 0,578 | + 0,088 | 1,307 | 1,307 | 0,138 | 9,47 |
| 20 | | 998,2 | 4,182 | 0,598 | 0,206 | 1,002 | 1,004 | 0,143 | 7,01 |
| 30 | | 995,7 | 4,178 | 0,614 | 0,303 | 0,797 | 0,801 | 0,148 | 5,43 |
| 40 | | 992,2 | 4,178 | 0,628 | 0,385 | 0,653 | 0,658 | 0,151 | 4,35 |
| 50 | | 988,0 | 4,181 | 0,641 | 0,457 | 0,548 | 0,554 | 0,155 | 3,57 |
| 60 | | 983,2 | 4,181 | 0,652 | 0,523 | 0,467 | 0,475 | 0,158 | 3,00 |
| 70 | | 977,8 | 4,190 | 0,661 | 0,585 | 0,404 | 0,413 | 0,161 | 2,56 |
| 80 | | 971,8 | 4,196 | 0,669 | 0,643 | 0,355 | 0,365 | 0,164 | 2,23 |
| 90 | | 965,3 | 4,205 | 0,676 | 0,698 | 0,315 | 0,326 | 0,166 | 1,96 |
| 100 | 1,0132 | 958,4 | 4,216 | 0,682 | 0,752 | 0,282 | 0,295 | 0,169 | 1,75 |
| 120 | 1,9854 | 943,1 | 4,245 | 0,686 | 0,860 | 0,235 | 0,2485 | 0,171 | 1,45 |
| 140 | 3,6136 | 926,1 | 4,287 | 0,684 | 0,957 | 0,199 | 0,215 | 0,172 | 1,25 |
| 160 | 6,1804 | 907,4 | 4,324 | 0,682 | 1,098 | 0,172 | 0,1890 | 0,173 | 1,09 |
| 180 | 10,027 | 886,9 | 4,409 | 0,676 | 1,233 | 0,151 | 0,1697 | 0,172 | 0,98 |
| 200 | 15,550 | 864,7 | 4,497 | 0,666 | 1,392 | 0,136 | 0,1579 | 0,171 | 0,92 |
| 220 | 23,202 | 840,3 | 4,610 | 0,653 | 1,597 | 0,125 | 0,1488 | 0,168 | 0,88 |
| 240 | 33,480 | 813,6 | 4,760 | 0,636 | 1,862 | 0,116 | 0,1420 | 0,164 | 0,87 |
| 260 | 46,491 | 784,0 | 4,978 | 0,612 | 2,21 | 0,107 | 0,1365 | 0,157 | 0,87 |
| 280 | 64,191 | 750,7 | 5,381 | 0,581 | 2,70 | 0,0994 | 0,1325 | 0,145 | 0,91 |
| 300 | 85,917 | 712,5 | 5,86 | 0,541 | 3,46 | 0,0935 | 0,1298 | 0,129 | 1,00 |
| 320 | 112,89 | 667,0 | 6,62 | 0,491 | 4,60 | 0,0856 | 0,1282 | 0,111 | 1,15 |
| 340 | 146,08 | 609,5 | 8,37 | 0,430 | 8,25 | 0,0775 | 0,1272 | 0,0844 | 1,5 |
| 360 | 186,74 | 524,5 | 13,4 | 0,349 | | 0,0683 | 0,1306 | 0,0500 | 2,6 |
| 374,2 | 221,24 | 326 | $\infty$ | 0,209 | $\infty$ | 0,0506 | 0,155 | 0 | $\infty$ |

Tabelle 4.2 Stoffwerte von Wasserdampf an der Sattdampflinie

| $\vartheta$ | $p$ | $\varrho$ | $c_p$ | $10^3 \cdot \beta$ | $10^3 \cdot \lambda$ | $10^6 \cdot \eta$[1] | $10^6 \cdot \nu$ | $10^6 \cdot a$ | $Pr$ | $10^3 \cdot \sigma$ |
|---|---|---|---|---|---|---|---|---|---|---|
| °C | bar | $\frac{kg}{m^3}$ | $\frac{kJ}{kg \cdot K}$ | 1/K | $\frac{W}{m \cdot K}$ | $\frac{kg}{m \cdot s}$ | $m^2/s$ | $m^2/s$ | – | N/m |
| 0,01 | 0,006112 | 0,004850 | 1,864 | 3,669 | 18,2 | 8,02 | 1650 | 2029 | 0,815 | 75,60 |
| 10 | 0,012271 | 0,009397 | 1,868 | 3,544 | 18,8 | 8,42 | 896 | 1080 | 0,831 | 74,24 |
| 20 | 0,023368 | 0,01729 | 1,874 | 3,431 | 19,4 | 8,82 | 510 | 602 | 0,847 | 72,78 |
| 30 | 0,042417 | 0,03037 | 1,883 | 3,327 | 20,0 | 9,22 | 304 | 352 | 0,863 | 71,23 |
| 40 | 0,073749 | 0,05116 | 1,894 | 3,233 | 20,6 | 9,62 | 188 | 213 | 0,883 | 69,61 |
| 50 | 0,12334 | 0,08300 | 1,907 | 3,150 | 21,2 | 10,02 | 121 | 135 | 0,896 | 67,93 |
| 60 | 0,19919 | 0,1302 | 1,924 | 3,076 | 21,9 | 10,42 | 80,0 | 87,6 | 0,913 | 66,19 |
| 70 | 0,31161 | 0,1981 | 1,994 | 3,012 | 22,5 | 10,82 | 54,6 | 58,7 | 0,930 | 64,40 |
| 80 | 0,47359 | 0,2932 | 1,969 | 2,958 | 23,2 | 11,22 | 38,3 | 40,4 | 0,947 | 62,57 |
| 90 | 0,70108 | 0,4233 | 1,999 | 2,915 | 24,0 | 11,62 | 27,5 | 28,5 | 0,966 | 60,69 |
| 100 | 1,0132 | 0,5974 | 2,034 | 2,882 | 24,8 | 12,02 | 20,1 | 20,4 | 0,984 | 58,78 |
| 110 | 1,4326 | 0,8260 | 2,075 | 2,861 | 25,6 | 12,42 | 15,0 | 15,0 | 1,00 | 56,83 |
| 120 | 1,9854 | 1,121 | 2,124 | 2,852 | 26,5 | 12,80 | 11,4 | 11,2 | 1,02 | 54,85 |
| 130 | 2,7012 | 1,496 | 2,180 | 2,853 | 27,5 | 13,17 | 8,80 | 8,46 | 1,04 | 52,83 |
| 140 | 3,6136 | 1,996 | 2,245 | 2,868 | 28,5 | 13,54 | 6,89 | 6,50 | 1,06 | 50,79 |
| 150 | 4,7597 | 2,547 | 2,320 | 2,897 | 29,6 | 13,90 | 5,46 | 5,06 | 1,08 | 48,70 |
| 160 | 6,1804 | 3,259 | 2,406 | 2,941 | 30,8 | 14,25 | 4,37 | 3,94 | 1,11 | 46,59 |
| 170 | 7,9202 | 4,122 | 2,504 | 3,001 | 32,1 | 14,61 | 3,54 | 3,13 | 1,13 | 44,44 |
| 180 | 10,003 | 5,160 | 2,615 | 3,078 | 33,6 | 14,96 | 2,90 | 2,52 | 1,15 | 42,26 |
| 190 | 12,552 | 6,398 | 2,741 | 3,174 | 35,1 | 15,30 | 2,39 | 2,03 | 1,18 | 40,05 |
| 200 | 15,551 | 7,865 | 2,883 | 3,291 | 36,8 | 15,65 | 1,99 | 1,64 | 1,21 | 37,81 |
| 210 | 19,080 | 9,596 | 3,043 | 3,432 | 38,7 | 15,99 | 1,67 | 1,35 | 1,24 | 33,53 |
| 220 | 23,201 | 11,63 | 3,222 | 3,599 | 40,7 | 16,34 | 1,40 | 1,11 | 1,26 | 33,23 |
| 230 | 27,979 | 14,00 | 3,426 | 3,798 | 43,0 | 16,70 | 1,19 | 0,922 | 1,29 | 30,90 |
| 240 | 33,480 | 16,77 | 3,656 | 4,036 | 45,5 | 17,07 | 1,02 | 0,767 | 1,33 | 28,56 |
| 250 | 39,776 | 19,99 | 3,918 | 4,321 | 48,4 | 17,45 | 0,873 | 0,642 | 1,36 | 26,19 |
| 260 | 46,940 | 23,74 | 4,221 | 4,665 | 51,7 | 17,85 | 0,752 | 0,537 | 1,40 | 23,82 |
| 270 | 55,051 | 28,11 | 4,574 | 5,086 | 55,5 | 18,28 | 0,650 | 0,451 | 1,44 | 21,44 |
| 280 | 64,191 | 33,21 | 4,996 | 5,608 | 60,0 | 18,75 | 0,565 | 0,379 | 1,49 | 19,07 |
| 290 | 74,448 | 39,20 | 5,507 | 6,267 | 65,5 | 19,27 | 0,492 | 0,319 | 1,54 | 16,71 |
| 300 | 85,917 | 46,25 | 6,144 | 7,117 | 72,2 | 19,84 | 0,429 | 0,266 | 1,61 | 14,39 |
| 310 | 98,697 | 54,64 | 6,962 | 8,242 | 80,6 | 20,7 | 0,379 | 0,222 | 1,71 | 12,11 |
| 320 | 112,90 | 64,75 | 8,053 | 9,785 | 86,5 | 21,7 | 0,335 | 0,173 | 1,94 | 9,89 |
| 330 | 128,65 | 77,15 | 9,589 | 12,02 | 96,0 | 23,1 | 0,299 | 0,133 | 2,24 | 7,75 |
| 340 | 146,08 | 92,76 | 11,92 | 15,50 | 107 | 24,7 | 0,266 | 0,0943 | 2,82 | 5,71 |
| 350 | 165,37 | 113,4 | 15,95 | 21,73 | 119 | 26,6 | 0,235 | 0,0613 | 3,83 | 3,79 |
| 360 | 186,74 | 143,5 | 26,79 | 38,99 | 137 | 29,2 | 0,203 | 0,0380 | 5,34 | 2,03 |
| 370 | 210,53 | 201,7 | 112,9 | 170,9 | 166 | 34,0 | 0,169 | 0,0107 | 15,7 | 0,47 |
| 374,15 | 221,20 | 313,5 | ∞ | ∞ | 238 | 45,0 | 0,143 | 0 | ∞ | 0 |

[1] $\nu = \eta/\varrho$

Kritische Punkte für Wasser und Wasserdampf sind Tripelpunkt (Entropie $s = 0$) und kritischer Punkt:

Tripelpunkt: $p_{Trip} = 0{,}006112$ bar (611,2 $N/m^2$)
$T_{Trip} = 273{,}16$ K

Kritischer Punkt: $p_{krit} = 221{,}2$ bar
$T_{krit} = 374{,}15$ °C
$v_{krit} = 0{,}00317\ m^3/kg$

Tabelle 4.3 Wasserdampftafel (Drucktafel)

| $p$ | $\vartheta$ | $v'$ | $v''$ | $\varrho''$ | $h'$ | $h''$ | $\Delta h_v$ | $s'$ | $s''$ |
|---|---|---|---|---|---|---|---|---|---|
| bar | °C | dm³/kg | m³/kg | kg/m³ | kJ/kg | kJ/kg | kJ/kg | kJ/(kg · K) | |
| 0,010 | 6,9808 | 1,0001 | 129,20 | 0,007739 | 29,34 | 2514,4 | 2485,0 | 0,1060 | 8,9767 |
| 0,015 | 13,036 | 1,0006 | 87,98 | 0,01137 | 54,71 | 2525,5 | 2470,7 | 0,1957 | 8,8288 |
| 0,020 | 17,513 | 1,0012 | 67,01 | 0,01492 | 73,46 | 2533,6 | 2460,2 | 0,2607 | 8,7246 |
| 0,025 | 21,096 | 1,0020 | 54,26 | 0,01843 | 88,45 | 2540,2 | 2451,7 | 0,3119 | 8,6440 |
| 0,030 | 24,100 | 1,0027 | 45,67 | 0,02190 | 101,00 | 2545,6 | 2444,6 | 0,3544 | 8,5785 |
| 0,035 | 26,694 | 1,0033 | 39,48 | 0,02533 | 111,85 | 2550,4 | 2438,5 | 0,3907 | 8,5232 |
| 0,040 | 28,983 | 1,0040 | 34,80 | 0,02873 | 121,41 | 2554,5 | 2433,1 | 0,4225 | 8,4755 |
| 0,045 | 31,035 | 1,0046 | 31,14 | 0,03211 | 129,99 | 2558,2 | 2428,2 | 0,4507 | 8,4335 |
| 0,050 | 32,898 | 1,0052 | 28,19 | 0,03547 | 137,77 | 2561,6 | 2423,8 | 0,4765 | 8,3960 |
| 0,055 | 34,605 | 1,0058 | 25,77 | 0,03880 | 144,91 | 2564,7 | 2419,8 | 0,4995 | 8,3621 |
| 0,060 | 36,183 | 1,0064 | 23,74 | 0,04212 | 151,50 | 2567,5 | 2416,0 | 0,5209 | 8,3312 |
| 0,065 | 37,651 | 1,0069 | 22,02 | 0,04542 | 157,64 | 2570,2 | 2412,5 | 0,5407 | 8,3029 |
| 0,070 | 39,025 | 1,0074 | 20,53 | 0,04871 | 163,38 | 2572,6 | 2409,2 | 0,5591 | 8,2767 |
| 0,075 | 40,316 | 1,0079 | 19,24 | 0,05198 | 168,77 | 2574,9 | 2406,2 | 0,5763 | 8,2523 |
| 0,080 | 41,534 | 1,0084 | 18,10 | 0,05523 | 173,86 | 2577,1 | 2403,2 | 0,5925 | 8,2296 |
| 0,085 | 42,689 | 1,0089 | 17,10 | 0,05848 | 178,69 | 2579,2 | 2400,5 | 0,6079 | 8,2082 |
| 0,090 | 43,787 | 1,0094 | 16,20 | 0,06171 | 183,28 | 2581,1 | 2397,9 | 0,6224 | 8,1881 |
| 0,095 | 44,833 | 1,0098 | 15,40 | 0,06493 | 187,65 | 2583,0 | 2395,3 | 0,6361 | 8,1691 |
| 0,10 | 45,833 | 1,0102 | 14,67 | 0,06814 | 191,83 | 2584,8 | 2392,9 | 0,6493 | 8,1511 |
| 0,12 | 49,446 | 1,0119 | 12,36 | 0,08089 | 206,94 | 2591,2 | 2384,3 | 0,6963 | 8,0872 |
| 0,14 | 52,574 | 1,0133 | 10,69 | 0,09351 | 220,02 | 2596,7 | 2376,7 | 0,7367 | 8,0334 |
| 0,16 | 55,341 | 1,0147 | 9,433 | 0,1601 | 231,59 | 2601,6 | 2370,0 | 0,7721 | 7,9869 |
| 0,18 | 57,826 | 1,0160 | 8,445 | 0,1184 | 241,99 | 2605,9 | 2363,9 | 0,8036 | 7,9460 |
| 0,20 | 60,086 | 1,0172 | 7,650 | 0,1307 | 251,45 | 2609,9 | 2358,4 | 0,8321 | 7,9094 |
| 0,25 | 64,992 | 1,0199 | 6,204 | 0,1612 | 271,99 | 2618,3 | 2346,4 | 0,8932 | 7,8323 |
| 0,30 | 69,124 | 1,0223 | 5,229 | 0,1912 | 289,30 | 2625,4 | 2336,1 | 0,9441 | 7,7695 |
| 0,40 | 75,886 | 1,0265 | 3,993 | 0,2504 | 317,65 | 2636,9 | 2319,2 | 1,0261 | 7,6709 |
| 0,45 | 78,743 | 1,0284 | 3,576 | 0,2796 | 329,64 | 2641,7 | 2312,0 | 1,0603 | 7,6307 |
| 0,50 | 81,345 | 1,0301 | 3,240 | 0,3086 | 340,56 | 2646,0 | 2305,4 | 1,0912 | 7,5947 |
| 0,55 | 83,737 | 1,0317 | 2,964 | 0,3374 | 350,61 | 2649,9 | 2299,3 | 1,1194 | 7,5623 |
| 0,60 | 85,954 | 1,0333 | 2,732 | 0,3661 | 359,93 | 2653,6 | 2293,6 | 1,1454 | 7,5327 |
| 0,65 | 88,021 | 1,0347 | 2,535 | 0,3945 | 368,62 | 2656,9 | 2288,3 | 1,1696 | 7,5055 |
| 0,70 | 89,959 | 1,0361 | 2,365 | 0,4229 | 376,77 | 2660,1 | 2283,3 | 1,1921 | 7,4804 |
| 0,75 | 91,785 | 1,0375 | 2,217 | 0,4511 | 384,45 | 2663,0 | 2278,3 | 1,2131 | 7,4570 |
| 0,80 | 93,512 | 1,0387 | 2,087 | 0,4792 | 391,72 | 2665,8 | 2274,0 | 1,2330 | 7,4352 |
| 0,85 | 95,152 | 1,0400 | 1,972 | 0,5071 | 398,68 | 2668,4 | 2269,8 | 1,2518 | 7,4147 |
| 0,90 | 96,713 | 1,0412 | 1,869 | 0,5350 | 405,21 | 2670,9 | 2265,6 | 1,2696 | 7,3954 |
| 1,0 | 99,632 | 1,0434 | 1,694 | 0,5904 | 417,51 | 2675,4 | 2257,9 | 1,3027 | 7,3598 |
| 1,5 | 111,37 | 1,0530 | 1,159 | 0,8628 | 467,13 | 2693,4 | 2226,2 | 1,4336 | 7,2234 |
| 2,0 | 120,23 | 1,0608 | 0,8854 | 1,129 | 504,70 | 2706,3 | 2201,6 | 1,5301 | 7,1268 |
| 2,5 | 127,43 | 1,0675 | 0,7184 | 1,392 | 535,34 | 2716,4 | 2181,0 | 1,6071 | 7,0520 |
| 3,0 | 133,54 | 1,0735 | 0,6056 | 1,651 | 561,43 | 2724,7 | 2163,2 | 1,6716 | 6,9909 |
| 3,5 | 138,87 | 1,0789 | 0,5240 | 1,908 | 584,27 | 2731,6 | 2147,4 | 1,7273 | 6,9392 |
| 4,0 | 143,62 | 1,0839 | 0,4622 | 2,163 | 604,67 | 2737,6 | 2133,0 | 1,7764 | 6,8943 |
| 4,5 | 147,92 | 1,0885 | 0,4138 | 2,417 | 623,16 | 2742,9 | 2119,7 | 1,8204 | 6,8547 |

Tabelle 4.3 (Fortsetzung)

| $p$ | $\vartheta$ | $v'$ | $v''$ | $\varrho''$ | $h'$ | $h''$ | $\Delta h_v$ | $s'$ | $s''$ |
|---|---|---|---|---|---|---|---|---|---|
| bar | °C | dm³/kg | m³/kg | kg/m³ | kJ/kg | kJ/kg | kJ/kg | kJ/(kg · K) | |
| 5,0 | 151,84 | 1,0928 | 0,3747 | 2,669 | 640,12 | 2747,5 | 2107,4 | 1,8604 | 6,8192 |
| 6,0 | 158,84 | 1,1009 | 0,3155 | 3,170 | 670,42 | 2755,5 | 2085,0 | 1,9308 | 6,7575 |
| 7,0 | 164,96 | 1,1082 | 0,2727 | 3,667 | 697,06 | 2762,0 | 2064,9 | 1,9918 | 6,7052 |
| 8,0 | 170,41 | 1,1150 | 0,2403 | 4,162 | 720,94 | 2767,5 | 2046,5 | 2,0457 | 6,6596 |
| 9,0 | 175,36 | 1,1213 | 0,2148 | 4,655 | 742,64 | 2772,1 | 2029,5 | 2,0941 | 6,6192 |
| 10,0 | 179,88 | 1,1274 | 0,1943 | 5,147 | 762,61 | 2776,2 | 2013,6 | 2,1382 | 6,5828 |
| 11,0 | 184,07 | 1,1331 | 0,1774 | 5,637 | 781,13 | 2779,7 | 1998,5 | 2,1786 | 6,5497 |
| 12,0 | 187,96 | 1,1386 | 0,1632 | 6,127 | 798,43 | 2782,7 | 1984,3 | 2,2161 | 6,5194 |
| 13,0 | 191,61 | 1,1438 | 0,1511 | 6,617 | 814,70 | 2785,4 | 1970,7 | 2,2510 | 6,4913 |
| 14,0 | 195,04 | 1,1489 | 0,1407 | 7,106 | 830,08 | 2787,8 | 1957,7 | 2,2837 | 6,4651 |
| 15,0 | 198,29 | 1,1539 | 0,1317 | 7,596 | 844,67 | 2789,9 | 1945,2 | 2,3145 | 6,4406 |
| 16,0 | 201,37 | 1,1586 | 0,1237 | 8,085 | 858,56 | 2791,7 | 1933,2 | 2,3436 | 6,4175 |
| 17,0 | 204,31 | 1,1633 | 0,1166 | 8,575 | 871,84 | 2793,4 | 1921,5 | 2,3713 | 6,3957 |
| 18,0 | 207,11 | 1,1678 | 0,1103 | 9,065 | 884,58 | 2794,8 | 1910,3 | 2,3976 | 6,3751 |
| 19,0 | 209,80 | 1,1723 | 0,1047 | 9,555 | 896,81 | 2796,1 | 1899,3 | 2,4228 | 6,3554 |
| 20,0 | 212,37 | 1,1766 | 0,09954 | 10,05 | 908,59 | 2797,2 | 1888,6 | 2,4469 | 6,3367 |
| 21,0 | 214,85 | 1,1809 | 0,09489 | 10,54 | 919,96 | 2798,2 | 1878,2 | 2,4700 | 6,3187 |
| 22,0 | 217,24 | 1,1850 | 0,09065 | 11,03 | 930,95 | 2799,1 | 1868,1 | 2,4922 | 6,3015 |
| 23,0 | 219,55 | 1,1892 | 0,08677 | 11,52 | 941,60 | 2799,8 | 1858,2 | 2,5136 | 6,2849 |
| 24,0 | 221,78 | 1,1932 | 0,08320 | 12,02 | 951,93 | 2800,4 | 1848,5 | 2,5343 | 6,2690 |
| 25,0 | 223,94 | 1,1972 | 0,07991 | 12,51 | 961,96 | 2800,9 | 1839,0 | 2,5543 | 6,2536 |
| 26,0 | 226,04 | 1,2011 | 0,07686 | 13,01 | 971,72 | 2801,4 | 1829,6 | 2,5736 | 6,2387 |
| 28,0 | 230,05 | 1,2088 | 0,07139 | 14,01 | 990,48 | 2802,0 | 1811,5 | 2,6106 | 6,2104 |
| 30,0 | 233,84 | 1,2163 | 0,06663 | 15,01 | 1008,4 | 2802,3 | 1793,9 | 2,6455 | 6,1837 |
| 32,0 | 237,45 | 1,2237 | 0,06244 | 16,02 | 1025,4 | 2802,3 | 1776,9 | 2,6786 | 6,1585 |
| 34,0 | 240,88 | 1,2310 | 0,05873 | 17,03 | 1041,8 | 2802,1 | 1760,3 | 2,7101 | 6,1344 |
| 36,0 | 244,16 | 1,2381 | 0,05541 | 18,05 | 1057,6 | 2801,7 | 1744,2 | 2,7401 | 6,1115 |
| 38,0 | 247,31 | 1,2451 | 0,05244 | 19,07 | 1072,7 | 2801,1 | 1728,4 | 2,7689 | 6,0896 |
| 40,0 | 250,33 | 1,2521 | 0,04975 | 20,10 | 1087,4 | 2800,3 | 1712,9 | 2,7965 | 6,0685 |
| 45,0 | 257,41 | 1,2691 | 0,04404 | 22,71 | 1122,1 | 2797,7 | 1675,6 | 2,8612 | 6,0191 |
| 50,0 | 263,91 | 1,2858 | 0,03943 | 25,36 | 1154,5 | 2794,2 | 1639,7 | 2,9206 | 5,9735 |
| 55,0 | 269,93 | 1,3023 | 0,03563 | 28,07 | 1184,9 | 2789,9 | 1605,0 | 2,9757 | 5,9309 |
| 60,0 | 275,55 | 1,3178 | 0,03244 | 30,83 | 1213,7 | 2785,0 | 1571,3 | 3,0273 | 5,8908 |
| 65,0 | 280,82 | 1,3350 | 0,02972 | 33,65 | 1241,1 | 2779,5 | 1538,4 | 3,0759 | 5,8527 |
| 70,0 | 285,79 | 1,3513 | 0,02737 | 35,53 | 1267,4 | 2773,5 | 1506,0 | 3,1219 | 5,8162 |
| 75,0 | 290,50 | 1,3677 | 0,02533 | 39,48 | 1292,7 | 2766,9 | 1474,2 | 3,1657 | 5,7811 |
| 80,0 | 294,97 | 1,3842 | 0,02353 | 42,51 | 1317,1 | 2759,9 | 1442,8 | 3,2076 | 5,7471 |
| 85,0 | 299,23 | 1,4009 | 0,02193 | 45,61 | 1340,7 | 2752,5 | 1411,7 | 3,2479 | 5,7141 |
| 90,0 | 303,31 | 1,4179 | 0,02050 | 48,79 | 1363,7 | 2744,6 | 1380,9 | 3,2867 | 5,6820 |
| 95,0 | 307,21 | 1,4351 | 0,01921 | 52,06 | 1386,1 | 2736,4 | 1350,2 | 3,3242 | 5,6506 |
| 100,0 | 310,96 | 1,4526 | 0,01804 | 55,43 | 1408,0 | 2727,7 | 1319,7 | 3,3605 | 5,6198 |
| 110,0 | 318,05 | 1,4887 | 0,01601 | 62,48 | 1450,6 | 2709,3 | 1258,7 | 3,4304 | 5,5595 |

Tabelle 4.3 (Fortsetzung)

| $p$ | $\vartheta$ | $v'$ | $v''$ | $\varrho''$ | $h'$ | $h''$ | $\Delta h_v$ | $s'$ | $s''$ |
|---|---|---|---|---|---|---|---|---|---|
| bar | °C | $dm^3/kg$ | $m^3/kg$ | $kg/m^3$ | kJ/kg | kJ/kg | kJ/kg | kJ/(kg · K) | |
| 120,0 | 324,65 | 1,5268 | 0,01428 | 70,01 | 1491,8 | 2689,2 | 1197,4 | 3,4972 | 5,5002 |
| 130,0 | 330,83 | 1,5672 | 0,01280 | 78,14 | 1532,0 | 2667,0 | 1135,0 | 3,5616 | 5,4408 |
| 140,0 | 336,64 | 1,6106 | 0,01150 | 86,99 | 1571,6 | 2642,4 | 1070,7 | 3,6242 | 5,3803 |
| 150,0 | 342,13 | 1,6579 | 0,01034 | 96,17 | 1611,0 | 2615,0 | 1004,0 | 3,6859 | 5,3178 |
| 160,0 | 347,33 | 1,7103 | 0,009308 | 107,4 | 1650,5 | 2584,9 | 934,3 | 3,7471 | 5,2531 |
| 170,0 | 352,26 | 1,7696 | 0,008371 | 119,5 | 1691,7 | 2551,6 | 859,9 | 3,8107 | 5,1855 |
| 180,0 | 356,96 | 1,8399 | 0,007498 | 133,4 | 1734,8 | 2513,9 | 779,1 | 3,8765 | 5,1128 |
| 190,0 | 361,43 | 1,9260 | 0,006678 | 149,8 | 1778,7 | 2470,6 | 692,0 | 3,9429 | 5,0332 |
| 200,0 | 365,70 | 2,0370 | 0,005877 | 170,2 | 1826,5 | 2418,4 | 591,9 | 4,0149 | 4,9412 |
| 210,0 | 369,78 | 2,0370 | 0,005023 | 199,1 | 1886,3 | 2347,6 | 461,3 | 4,1048 | 4,8223 |
| 220,0 | 373,69 | 2,6714 | 0,003728 | 268,3 | 2011,1 | 2195,6 | 184,5 | 4,2947 | 4,5799 |
| 221,2 | 374,15 | 3,17 | 0,00317 | 315,5 | 2107,4 | 0 | | 4,4429 | |

# 5 Strömung und Wärmeübertragung

## 5.1 Strömungsgeschwindigkeit

Die Strömungsgeschwindigkeit berechnet sich gemäß:

$$w = \frac{\dot{V}}{A} = \frac{\dot{M}}{\rho \cdot A} \quad \text{(Gl. 5.1)}$$

Für Rohre gilt: $A = \frac{d^2 \cdot \pi}{4}$

$$w = \frac{\dot{V} \cdot 4}{d^2 \cdot \pi} = \frac{\dot{M} \cdot 4}{\rho \cdot d^2 \cdot \pi} \quad \text{(Gl. 5.2)}$$

Die üblichen wirtschaftlichen Strömungsgeschwindigkeiten betragen entsprechend [1]:

Bei Wasser:

$0{,}5 < w_W < 5\ \mathrm{m/s}$

Bei Wasserdampf:

$5 < w_D < 50\ \mathrm{m/s}$

In Bild 5.1 ist für Wasser und in Bild 5.2 für Wasserdampf Gl. 5.2 dargestellt.

## 5.2 Strömungskennzahlen

Im Folgenden werden die wichtigsten Strömungskennzahlen genannt.

Für die erzwungene Strömung gilt die **Reynolds-Zahl *Re*** (s. Bild 5.3):

$$Re = \frac{\bar{w} \cdot x}{\nu} = \frac{\bar{w} \cdot \rho \cdot x}{\eta} \quad \text{(Gl. 5.3)}$$

mit:
$\bar{w}$ mittlere Strömungsgeschwindigkeit: $\bar{w} = \frac{\dot{V}}{A}$

mit:
$x$ charakteristische Abmessung
$x = d_i$ bei Rohrinnenströmung
$x = d_h$ hydraulischer Durchmesser

$$d_h = \frac{4 \cdot A}{U}$$

mit:
$x = L$ bei Außenströmung, die überströmte Länge
$U$ benetzter Umfang

$\nu$ ist die kinematische Viskosität, oder auch die auf die Dichte bezogene Viskosität.

$$\nu = \frac{\eta}{\rho}$$

Für die freie Strömung (Naturkonvektion) gilt die **Grashof-Zahl *Gr*** (Bild 5.4):

$$Gr = \frac{g \cdot L^3}{\nu^3} \cdot \frac{|\rho_\infty - \rho_{Wand}|}{\rho_{Wand}} = \frac{g \cdot L^3}{\nu^2} \cdot \beta \cdot |\Delta\vartheta| \quad \text{(Gl. 5.4)}$$

mit:
$L$ Überströmlänge
$\rho_\infty$ Dichte bei der Umgebungstemperatur
$\rho_{Wand}$ Dichte bei der Körperoberflächentemperatur

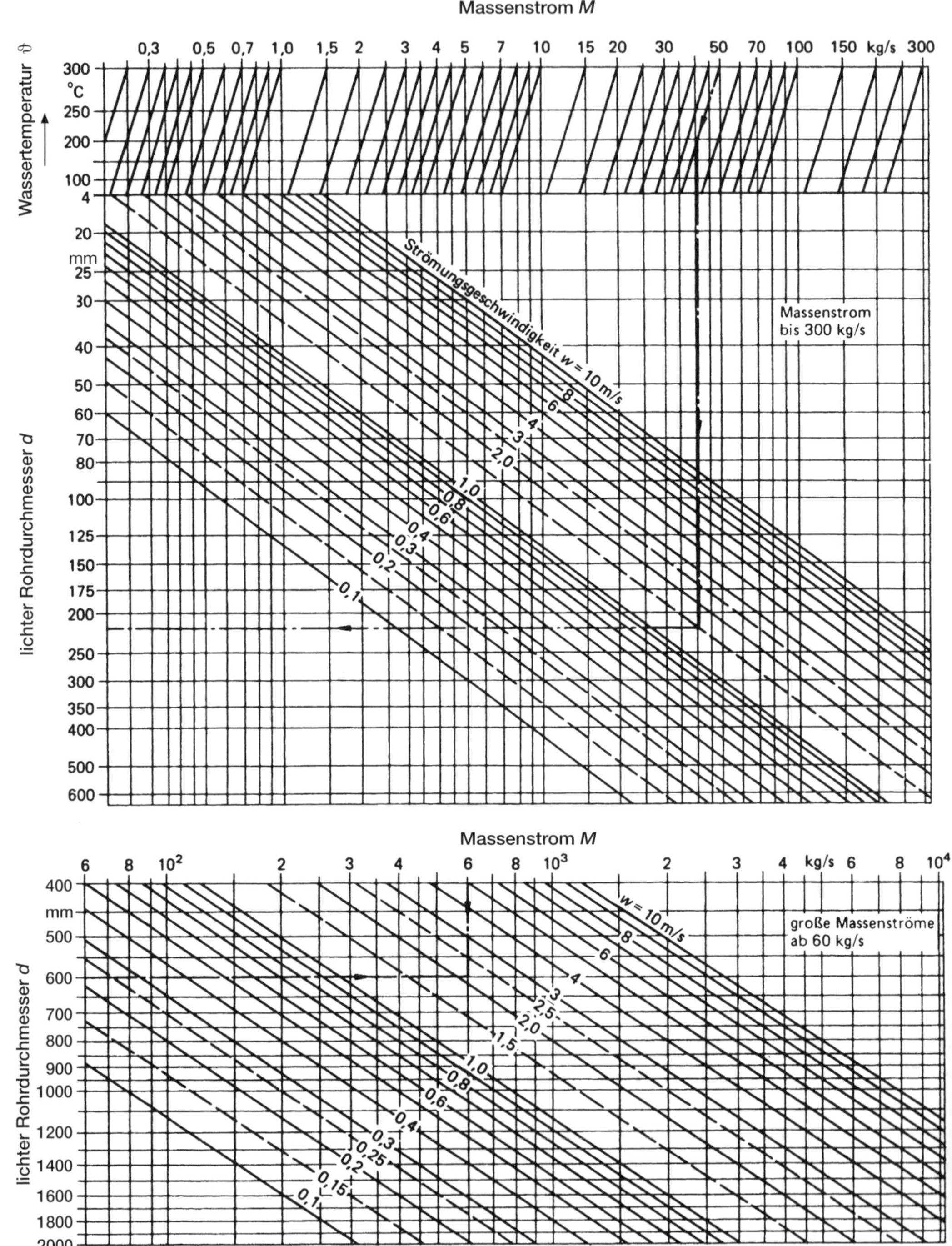


Bild 5.1 Strömungsgeschwindigkeit und Rohrdurchmesser bei wasserdurchströmten Rohren

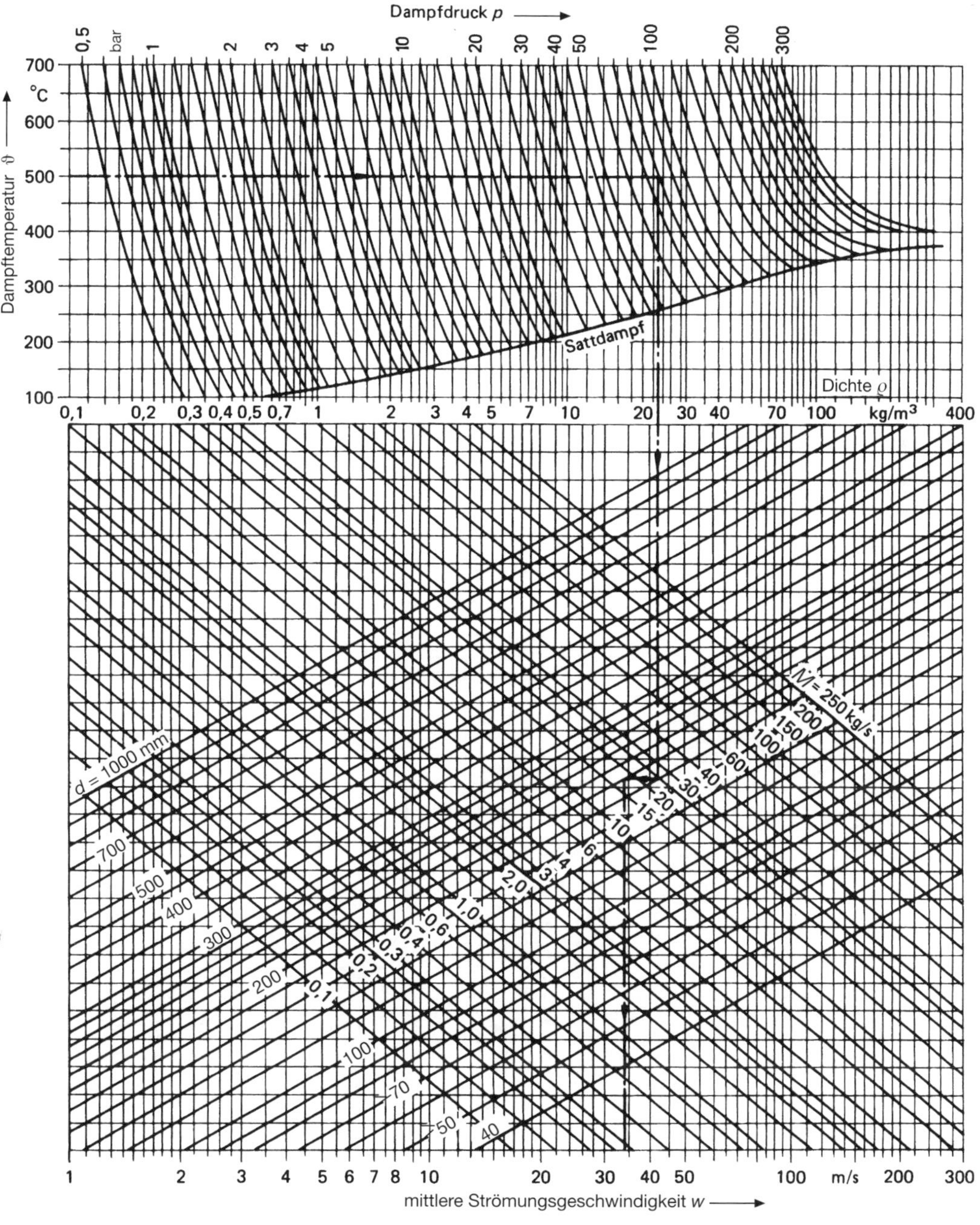


Bild 5.2 Strömungsgeschwindigkeiten in Dampfleitungen

**Beispiel:**
$\vartheta = 500\,°C$, $p = 80$ bar
$\dot{M} = 25$ kg/s, $d = 200$ mm
Zwischenergebnis: $\rho = 24$ kg/m³
Ergebnis: $w = 33$ m/s

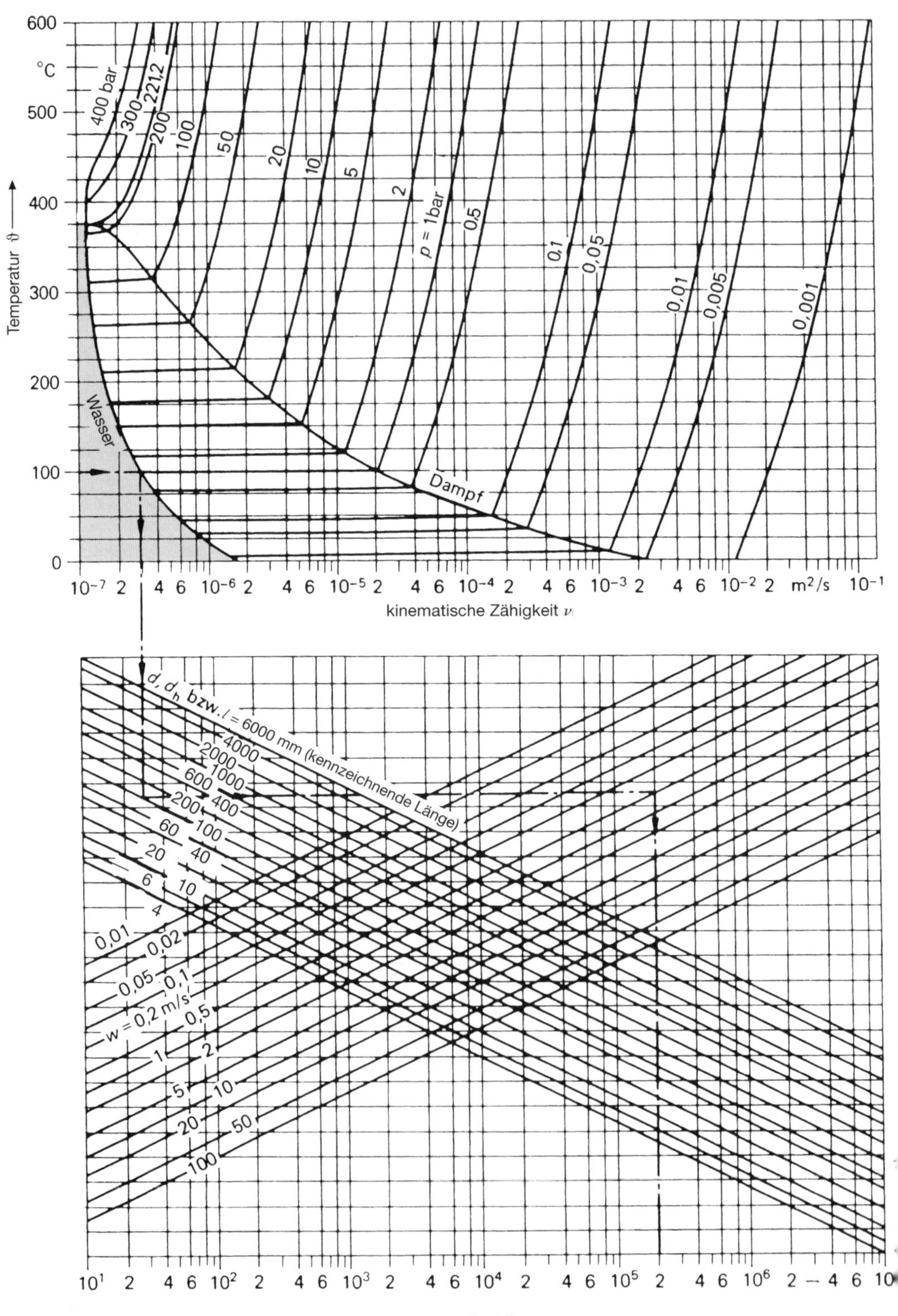


Bild 5.3 Reynolds-Zahl und kinematische Viskosität von Wasser und Wasserdampf

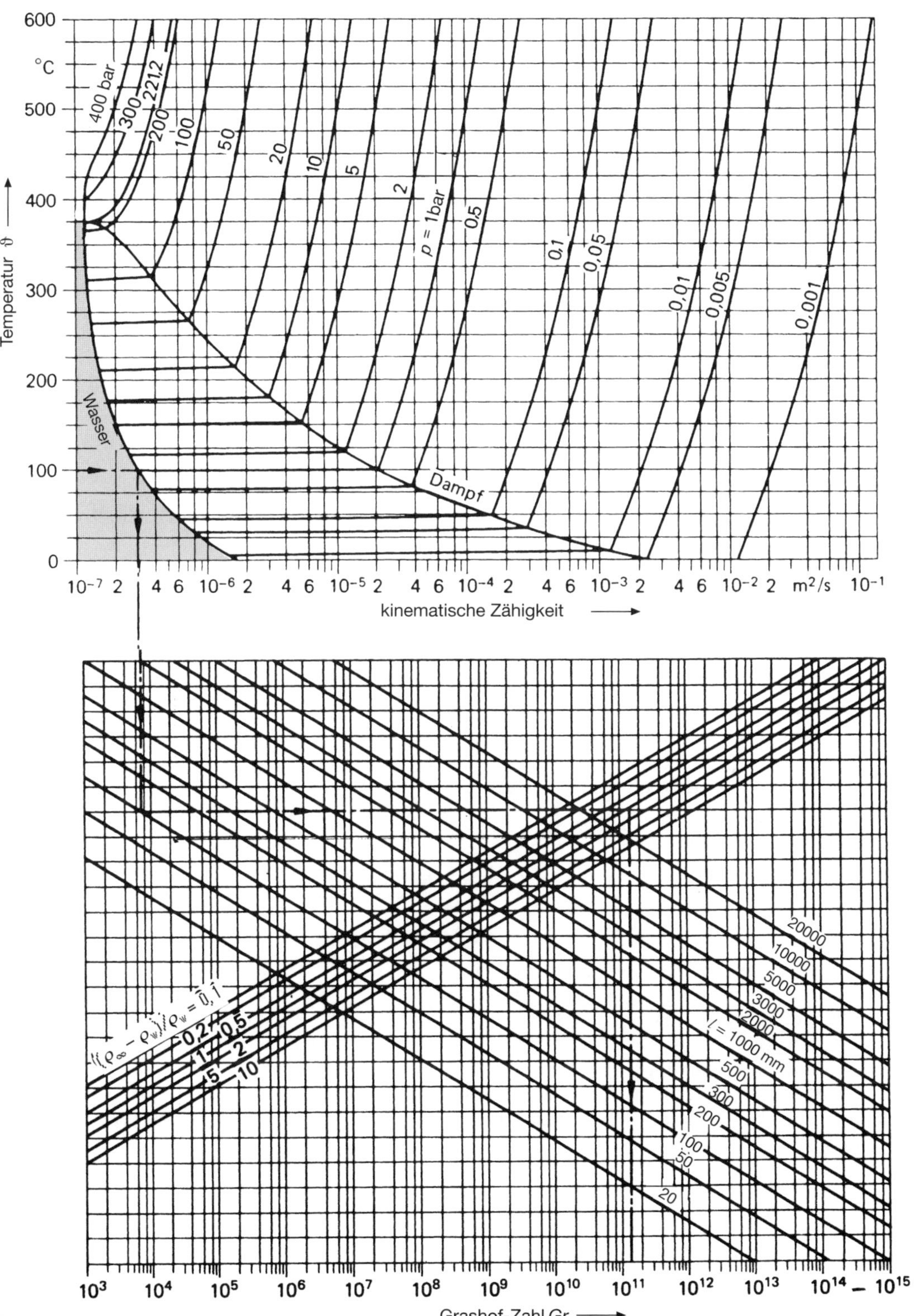


Bild 5.4 Grashof-Zahl und kinematische Viskosität von Wasser und Wasserdampf

## 5.3 Druckverluste

Die Strömungsdruckverluste berechnet man mit der Basisgleichung:

$$\Delta p = \xi \cdot \frac{\varrho}{2} \cdot \bar{w}^2 \qquad \text{(Gl. 5.5)}$$

Für Rohre gilt: $\xi = \lambda_R \cdot \frac{L}{d_i}$

mit:

$\lambda_R$ Rohrreibungszahl siehe [2]

Für turbulente Strömung mit Re > $10^4$ kann als Richtwert eingesetzt werden: $\lambda_R \cong 0{,}02$.

Für Rohreinbauten und Apparate siehe $\xi$-Werte in [2].

Die spezifischen Rohrleitungsdruckverluste in (Pa/m) können für: Wasserströmung aus Bild 5.5 und für Wasserdampf aus Bild 5.6 entnommen werden.

## 5.4 Wärmeübergangskoeffizienten

Den Wärmeübergangskoeffizient berechnet man aus:

$$\alpha = Nu_x \cdot \frac{\lambda}{L_x} \qquad \text{(Gl. 5.6)}$$

Als Berechnungsgleichungen werden nur die vereinfachten Gleichungen ausgewählt, die für den Anlagenbau ausreichende Genauigkeiten ergeben.

Ausführliche Gleichungen mit einem weiten Anwendungsbereich können aus dem Buch «Wärmeübertragung» [3] entnommen werden.

### 5.4.1 Durchströmte Rohre ($Re_{di} > 10^4$)

$$\alpha_i = Nu_{di} \cdot \frac{\lambda}{d_i} \qquad \text{(Gl. 5.7)}$$

$$Nu_{di} = 0{,}0235 \cdot Re_{di}^{0{,}8} \cdot Pr^{0{,}48} \cdot \left(1 + \left(\frac{d}{L}\right)^{2/3}\right) \qquad \text{(Gl. 5.8)}$$

$$Re_{di} = \frac{w_{i,m} \cdot d_i}{\nu_i}$$

mit:

$w_{i,m}$ mittlere Geschwindigkeit im Rohr

In Bild 5.7 ist diese Gleichung für Wasser und Wasserdampf dargestellt.

### 5.4.2 Quer angeströmte Rohre ($10^3 < Re_{da} < 5 \cdot 10^4$)

$$\alpha_a = Nu_{da} \cdot \frac{\lambda}{d_a} \qquad \text{(Gl. 5.9)}$$

$$Nu_{da} = 0{,}285 \cdot Re_{da}^{0{,}6} \cdot Pr^{0{,}36} \cdot n_A \qquad \text{(Gl. 5.10)}$$

$$Re_{da} = \frac{w_e \cdot d_a}{\nu_a}$$

mit:

$w_e$ Geschwindigkeit im engsten Spalt zwischen den Rohren.

$n_A$ Anordnungsfaktor von Rohrbündeln, siehe «Wärmeaustauscher» [4].

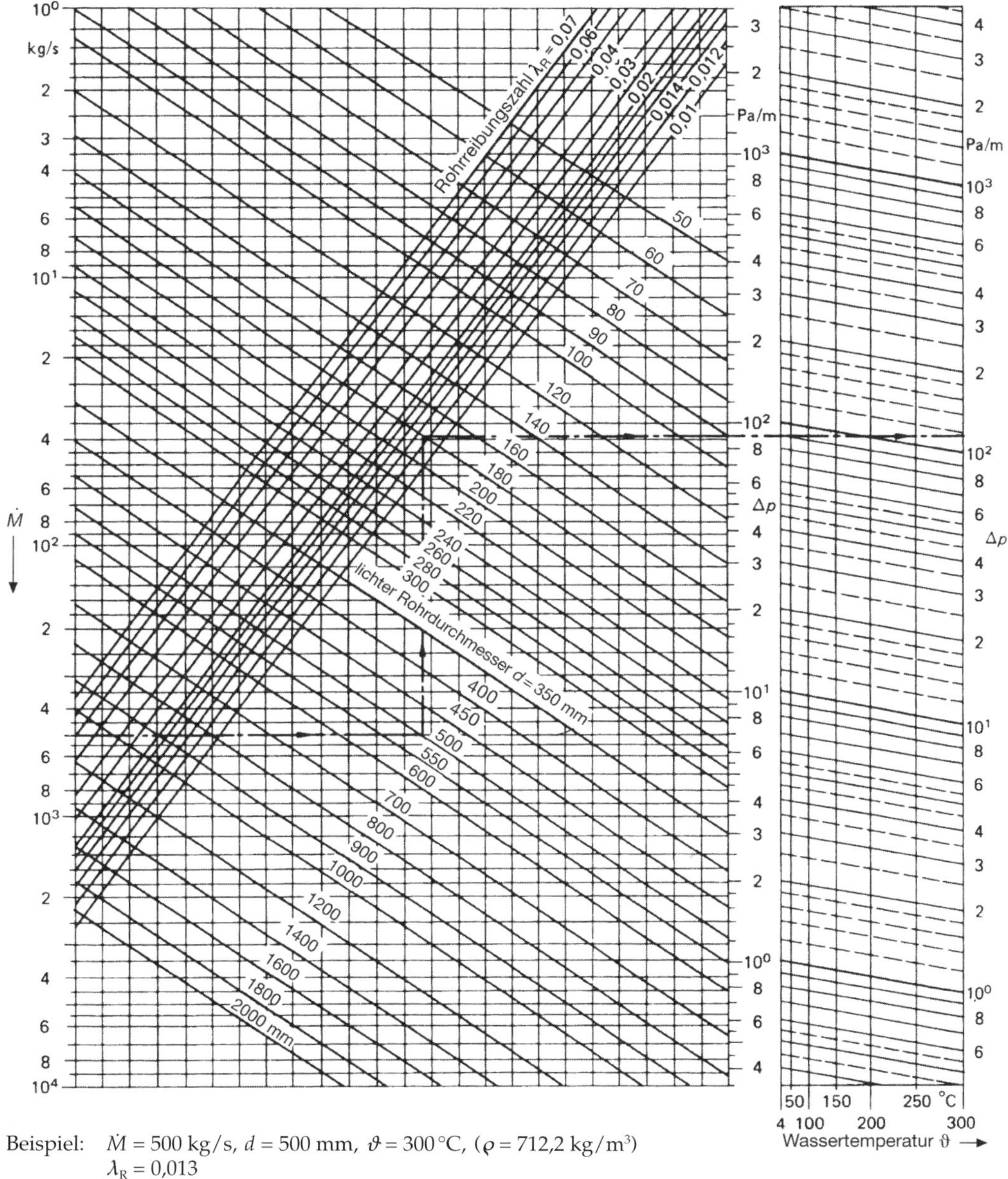


Beispiel: $\dot{M} = 500$ kg/s, $d = 500$ mm, $\vartheta = 300\,°C$, ($\varrho = 712{,}2$ kg/m³)
$\lambda_R = 0{,}013$

Ergebnis: $\dfrac{p_1 - p_2}{l} = 118$ Pa/m;

für $l = 280$ m ist $p_1 - p_2 = 33\,040$ Pa

Bild 5.5 Spezifischer Druckverlust in wasserdurchströmten Rohren

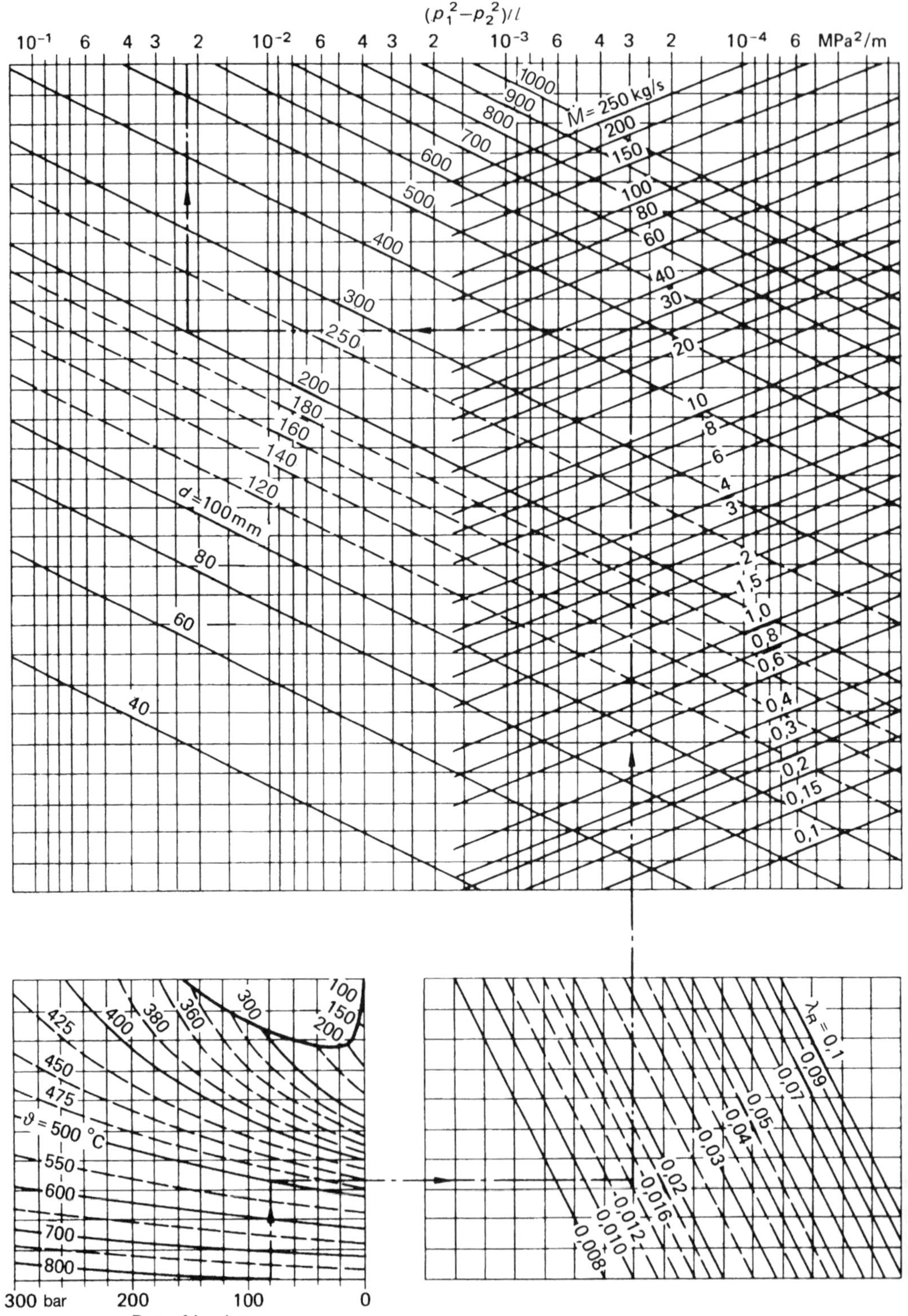


Bild 5.6 Spezifischer Druckverlust in dampfdurchströmten Rohren

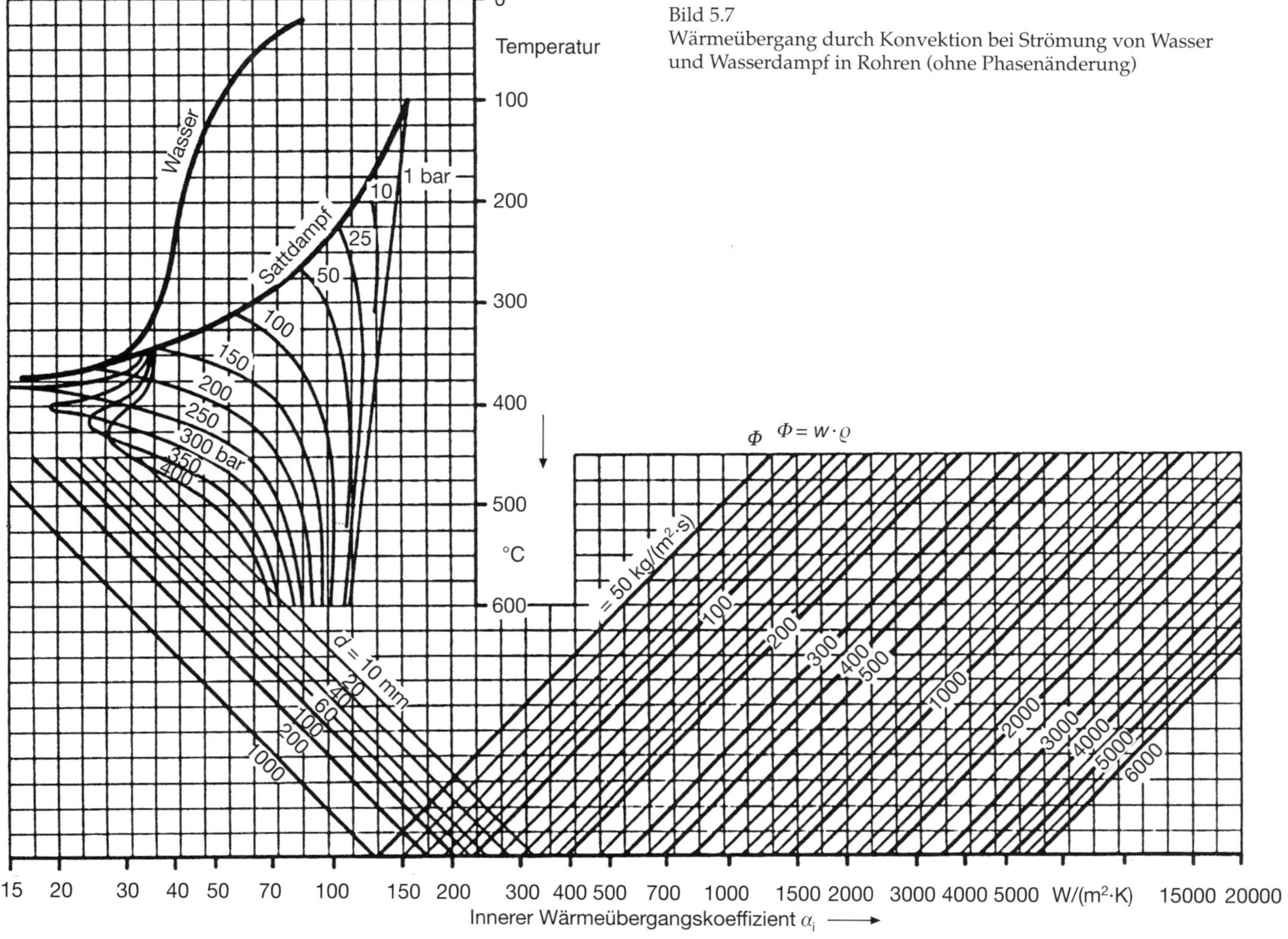


Bild 5.7
Wärmeübergang durch Konvektion bei Strömung von Wasser und Wasserdampf in Rohren (ohne Phasenänderung)

### 5.4.3 Naturkonvektion an Platten und Rohren ($Gr \cdot Pr < 10^{12}$)

$$\alpha_{\text{Natur}} = Nu_{\text{Natur}} \cdot \frac{\lambda}{L} \qquad \text{(Gl. 5.11)}$$

$$Nu_{\text{Natur}} = \left(0{,}825 + \frac{0{,}387 \cdot (Gr \cdot Pr)^{1/6}}{\left(1 + \left(\frac{0{,}492}{Pr}\right)^{9/16}\right)^{8/27}}\right)^2 \qquad \text{(Gl. 5.12)}$$

mit:

$L$ Plattenhöhe bei vertikalen Platten

$L = da \cdot \frac{\pi}{2}$, bei horizontalen Rohren

Die $Nu$-Zahl bei freier Konvektion ist in Bild 5.8 dargestellt.

Allgemein: Die nicht mit einem Index versehenen Stoffwerte sind auf den mittleren Druck und die mittlere Temperatur zu beziehen.

### 5.4.4 Verdampfung von Wasser

Für Behältersieden gilt:

$$\alpha_B = 1{,}95 \cdot \dot{q}^{0{,}72} \cdot p^{0{,}24} \ (\text{W/m}^2\text{K}) \qquad \text{(Gl. 5.13)}$$

mit:

$\dot{q}$ W/m²

$p$ bar

gültig für: $10^4 < \dot{q} < 10^6$ W/m²
$0{,}1 < p < 150$ bar

### 5.4.5 Kondensation von Wasserdampf

Den niedrigsten Wert erhält man aus der laminaren und ohne Wellen ablaufenden Nußelt-Gleichung:

$$\alpha_{\text{Kond}} = 0{,}943 \cdot \sqrt{\frac{\rho_W \cdot g \cdot \lambda_W^3 \cdot \Delta h_V \cdot f_\rho}{\nu_W \cdot (\vartheta_D'' - \vartheta_{\text{Wand}}) \cdot L}} \qquad \text{(Gl. 5.14)}$$

mit:

$f_\rho = 1 - \frac{\rho_D}{\rho_W} \approx 1$

$L$ Höhe der Kühlfläche

$L = d_a \cdot \frac{\pi}{2}$, bei horizontalen Rohren

Die Kondensatfilm-Stoffwerte (Index: W) sind auf die mittlere Kondensattemperatur:

$$\vartheta_{\text{Film, m}} = \frac{\vartheta_S + \vartheta_W}{2}$$

Durch das Vorhandensein von nichtkondensierbaren Gasen im Dampf (Inertgase) reduziert sich der $\alpha_{\text{Kond}}$-Wert wesentlich. Eine Entlüftung des Apparates (eventuell Vakuumpumpe) ist, bei der Möglichkeit von Inertgasen im System, unbedingt notwendig.

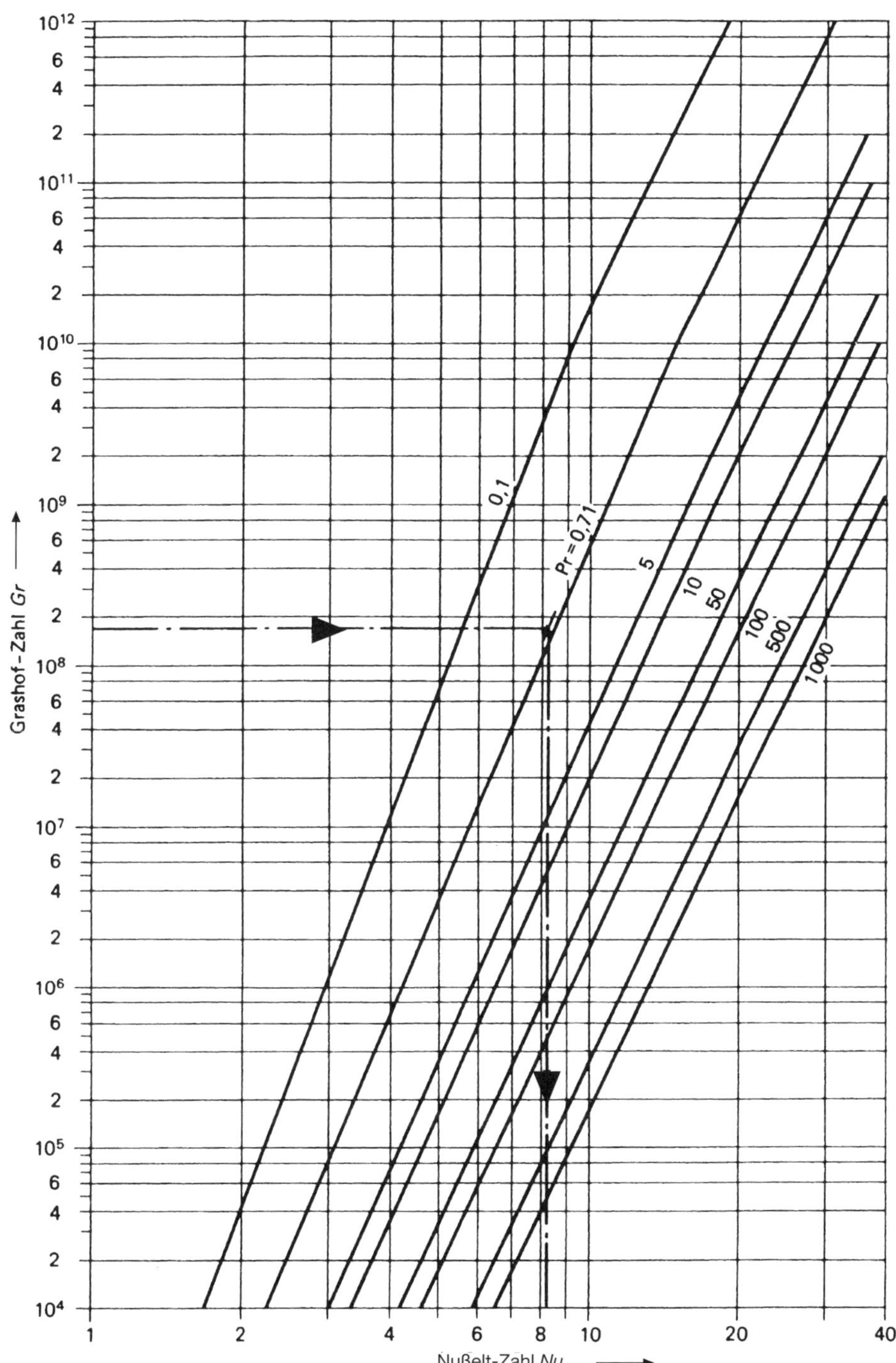


Bild 5.8 Nußelt-Zahl bei freier Konvektion an vertikalen Platten und horizontalen Zylindern

# 6 Wasseranlagen

## 6.1 Wasseranlagen unter 0 °C

Wasser beginnt beim Abkühlen bei Temperaturen von 0 °C zu gefrieren.

Die Temperatur bleibt bei 0 °C, bis das gesamte Wasser zu Eis erstarrt ist (Bild 6.1). Die spezifische Erstarrungs- oder Schmelzenthalpie von Wasser zu Eis beträgt:

$$\Delta h_{\text{Schm}} = 333\ \text{kJ/kg}$$

Zu jedem Druck einer Flüssigkeit gibt es eine Temperatur, die mit dem Feststoff im Gleichgewicht steht. Dieser Zusammenhang wird durch die Schmelzdruckkurve (Bild 6.2) dargestellt, während das Gleichgewicht zwischen Gas und Feststoff die Sublimationsdruckkurve wiedergibt.

Alle 3 Kurven treffen sich im Tripelpunkt, in dem die feste, die flüssige und die gasförmige Phase eines Stoffes miteinander im Gleichgewicht stehen.

Um Wasser auch bei Temperaturen von unter 0 °C flüssig zu halten, muss eine chemische Lösung erzeugt werden, die eine Erstarrungstemperatur hat, die möglichst weit unter 0 °C liegt.

Die bekanntesten Wasserlösungen sind:

- Wasser-Salz-Lösungen und
- Wasser-Glykol-Lösungen.

### 6.1.1 Wasser-Salz-Lösungen (Solen)

Je nach Zusammensetzung (Konzentration) der Lösung aus z. B. Kochsalz (NaCl), Calciumchlorid ($CaCl_2$) oder Magnesiumchlorid ($MgCl_2$), ergeben sich Erstarrungstemperaturen gemäß Bild 6.3. Die Grenzdaten von Solekonzentrationen gibt Tabelle 6.1 wieder.

Da jedoch Solen besonders stark zu Korrosionen neigen, werden zz. überwiegend organische Fluide (Glykol) als Lösungsmittel verwendet.

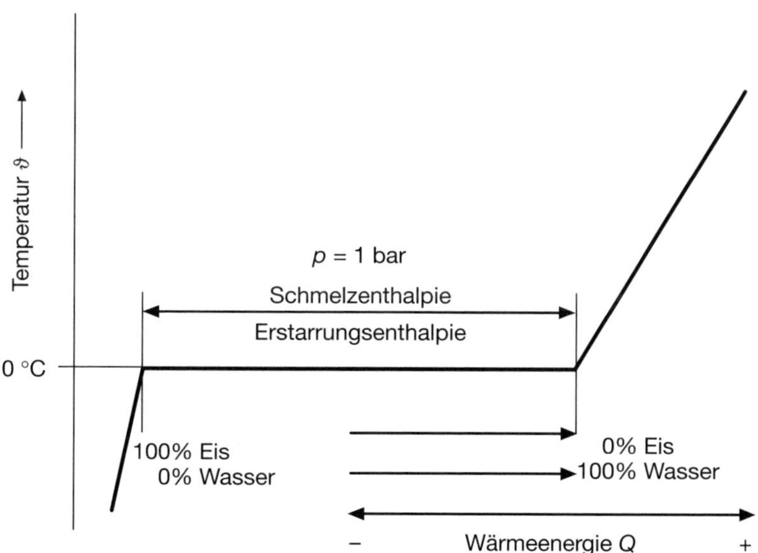


Bild 6.1 Gefrieren von Wasser, Schmelzen von Eis

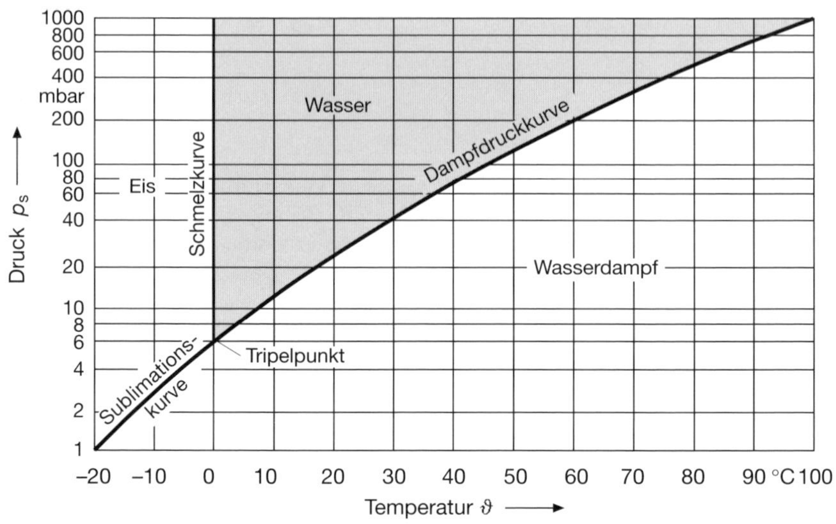


Bild 6.2 $p$-$\vartheta$-Diagramm mit den 3 Grenzkurven der Phasen (die Steigung der Schmelzdruckkurve von Wasser ist negativ, gestrichelte Kurve)

Tripelpunkt von Wasser: $\vartheta$ = 0,01 °C ($T$ = 273,16 K)
$p$ = 6,112 mbar

### 6.1.2 Wasser-Glykol-Lösungen

Glykol-Wasser-Gemische ohne Zusätze von Inhibitoren können, wegen der korrosionsfördernden Eigenschaften, die noch ungünstiger als bei Wasser sind, nicht zur Anwendung kommen.

Die handelsübliche Lösung «Antifrogen» (Fa. Clariant) enthält Korrosionsinhibitoren, die die Metalle der Kühl- und Heizsysteme, auch bei Mischinstallation, vor Korrosion dauerhaft schützen und Kalkablagerungen verhindert. Von *Antifrogen* gibt es 2 verschiedene Lösungen: Typ: N und Typ: L.

Üblicherweise wird im Anlagenbau das auf Ethylenglykol basierende *Antifrogen N* verwendet. Es hat die besseren physikalischen Eigenschaften. Wo jedoch das Fluid mit Trinkwasser oder Lebensmittel in Berührung kommen könnte, ist *Antifrogen L*, auf der Basis des physiologisch unbedenklichen 1,2-Propylenglykols zu verwenden.

**Frostschutz**

Frostschutz ist abhängig vom Mischungsverhältnis mit Wasser. Als Untergrenze werden bei *Antifrogen N* → 20 Vol.-% und bei *Antifrogen L* → 25 Vol.-% als Mischungsverhältnis empfohlen. Wird stärker verdünnt, reduziert sich der Korrosionsschutz.

*Antifrogen N* bietet gegenüber *Antifrogen L* eine höhere Frostsicherheit. Anderseits sollte Antifrogen nicht zu hoch konzentriert angewendet werden, weil sich dann der Wärmeübergang verschlechtert und der Druckverlust erhöht.

Reines Wasser dehnt sich beim Erstarren um ca. 9 % seines Volumens aus (s. auch Kapitel 4). Glykol-Wasser-Mischungen weisen diese Anomalie nicht auf. Die Mischungen haben im erstarrten Zustand eine höhere Dichte als das flüssige Produkt, was zur Verminderung des Volumens führt.

Beim Erstarren von Antifrogen-Wasser-Mischungen tritt daher ein mit höherer Frostsicherheit zunehmender Konzentrationsbereich auf, in dem sich das Volumen nicht verändert. Diese Mischungen könnten dann ohne nach-

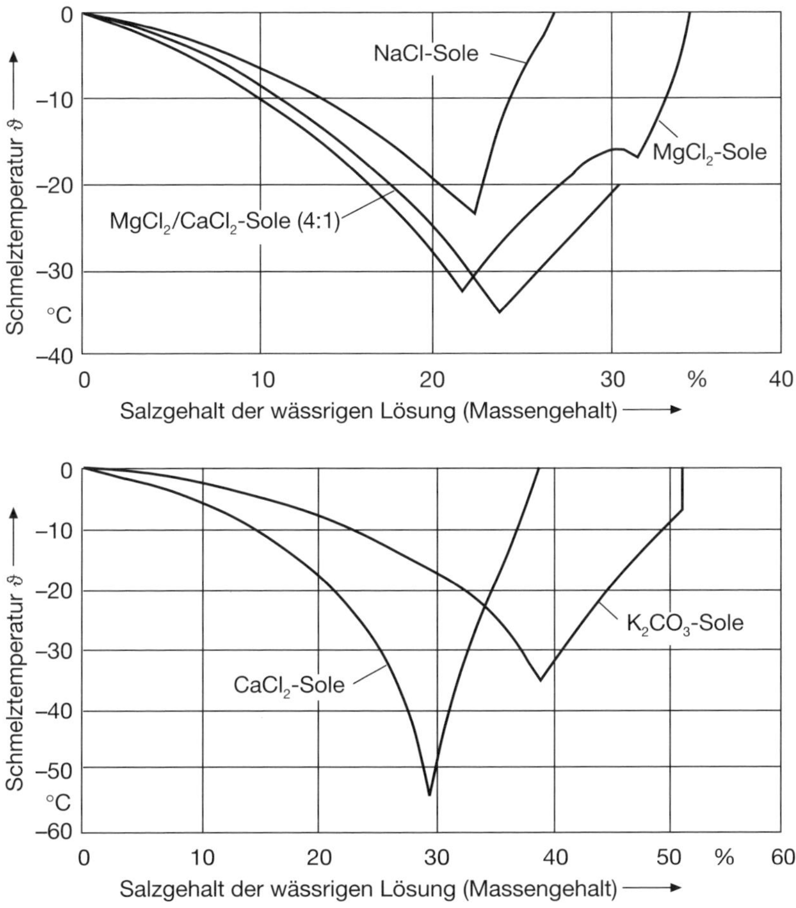


Bild 6.3 Schmelztemperaturen in Abhängigkeit von der Solekonzentration

Tabelle 6.1 Grenzdaten von Solekonzentrationen

| Stoff | Formel | Eutektischer Punkt | | | | |
|---|---|---|---|---|---|---|
| | | Massengehalt<br>% | Schmelz-/Erstarrungtemperatur<br>°C | Dichte | dynamische Viskosität<br>$10^{-3}$ Ns/m² | kinematische Viskosität<br>$10^{-6}$ m²/s |
| Natriumchlorid | $NaCl$ | 23,4 | −21,1 | 1194 | 6,7 | 5,6 |
| Magnesiumchlorid | $MgCl_2$ | 21,5 | −33,6 | 1205 | 25 | 20,7 |
| Calciumchlorid | $CaCl_2$ | 32 | −49,7 | 1342 | 80 | 59,6 |
| Kaliumcarbonat | $K_2CO_3$ | 40 | −37,5 | 1435 | 55 | 38,3 |

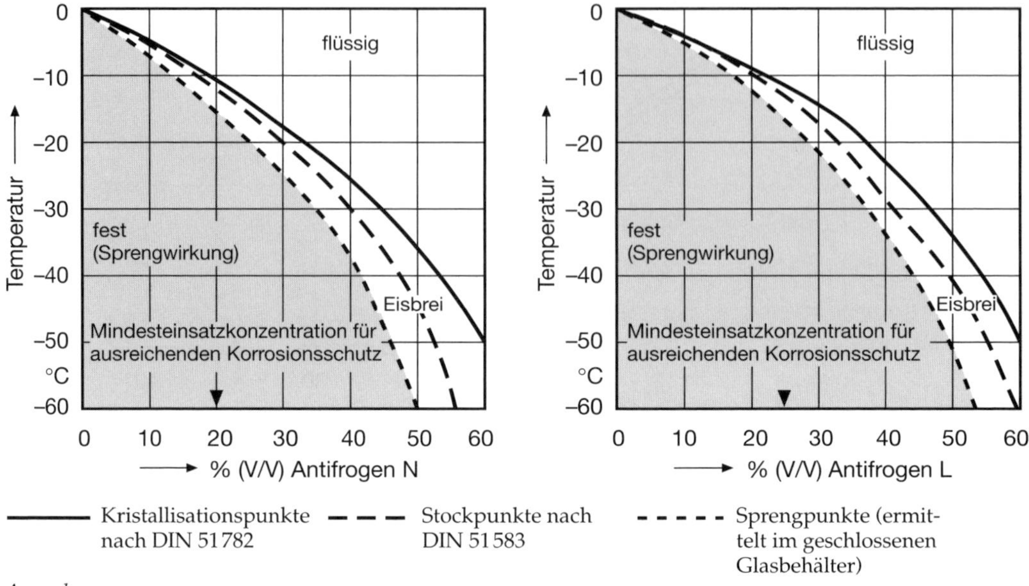


*Anmerkung:*
Aus beiden Kurven sind die dargestellten Zusammenhänge für Antifrogen N und L auf einen Blick klar ersichtlich. Für unsere Breitengrade in Mitteleuropa völlig «frostsicher» bis zu Außentemperaturen von –30 °C sind Antifrogen-N-Wasser-Mischungen, die mehr als 35 Vol.-% Antifrogen N enthalten. Antifrogen L muss in Konzentration von mind. 38 Vol.-% anwesend sein, um unter den o.g. Bedingungen die Anlage sicher vor Frostschäden zu bewahren.

Bild 6.4 Temperaturbereiche (flüssig–Eisbrei–fest) für Glykol-Wasser-Gemische

teilige Folgen für die Anlagenbauteile einfrieren, lediglich die Umwälzung des Fluids wäre unterbrochen (Bild 6.4). Es würde auch beim Unterschreiten des Eisflockenpunktes, keine Sprengwirkung im Anlagensystem und somit kein Frostschaden auftreten.

Als «Sprengpunkt» wird die Temperatur festgelegt, bei der ein Antifrogen-Wasser-Gemisch einer vorgegebenen Konzentration (das sich ohne Lufteinschlüsse in einem vollständig gefüllten Glasgefäß befindet) nach dem Erstarren das Probegefäß zersprengt.

Oberhalb der Frostsicherheitsgrenze sind Wasser-Glykol-Mischungen klar und homogen. Eine Entmischung findet auch nach sehr langer Zeit nicht statt.

Bei weiterem Abkühlen unterhalb der Frostgrenze beobachtet man eine leichte Ausflockung (Eisflockpunkt oder Kristallisationspunkt, z. B. nach DIN 51782). Die Fließfähigkeit wird hierdurch noch nicht wesentlich beeinflusst.

Durch weiteres Ausscheiden von Kristallen, die anfangs einen höheren Wassergehalt als das ursprüngliche Wasser-Glykol-Gemisch besitzen, steigt die Temperatur durch die frei werdende Kristallisationswärme wieder etwas an oder bleibt auf gleichem Niveau. Diese Temperatur entspricht dem Gefrierpunkt nach ASTM D 1177. Der sich bildende Eisbrei ist zähflüssig und somit praktisch nicht pumpbar.

Nach dem Unterschreiten der vorgenannten Temperatur ist das Gemisch nicht mehr fließfähig. Es erstarrt vollständig oder wird, besonders bei höheren Konzentrationen, so hochviskos, dass es aus einem Behälter nicht mehr ausfließt. Diese Temperatur nennt man den Stockpunkt bzw. Pour-Point (nach DIN ISO 3016).

Tabelle 6.2 Korrosionsrate (g/m²) gemäß ASTM D 1384-70

| | Antifrogen-N-Wasser-Gemisch (1 : 2) | Antifrogen-L-Wasser-Gemisch (1 : 2) | Ethylenglykol-Wasser-Gemisch (1 : 2) ohne Inhibitoren | Leitungswasser 14 °dH ohne Zusätze |
|---|---|---|---|---|
| Stahl (CK22) | −0,1 | −0,1 | −152 | − 76 |
| Gusseisen (GG25) | −0,2 | −0,1 | −273 | −192 |
| Kupfer | −0,5 | −0,4 | − 2,8 | − 1 |
| Messing (MS63) | −0,6 | −0,8 | − 7,6 | − 1 |
| Aluminiumguss ($AlSi_6Cu_3$) | −1,4 | −2,4 | − 16 | − 32 |
| Reinaluminium (99,5) | −2,0 | −1,9 | nicht geprüft | − 5 |

**Materialauswahl und Korrosion**

Die Wahl der Konstruktionswerkstoffe ist weitgehend frei. Als Werkstoffe können eingesetzt werden: Stahl, Gusseisen, Edelstahl sowie Kupfer, Messing, Aluminium und Weichlot.

Eine Kombination hochwirksamer Inhibitoren in Antifrogen schützt die Werkstoffe in der Anlage vor Korrosion (Tabelle 6.2). Die in der Tabelle genannten Korrosionsraten nach ASTM-D 1384-70, stellen den durch Korrosion entstandenen Massenverlust der Metalle in g/m² dar.

**Wärmeübergang und Druckverlust**

Ein Wasser-Glykol-Gemisch hat andere physikalische Kenndaten als Wasser (Bild 6.5). Die spezifische Wärmekapazität ist geringer als die von reinem Wasser (Bild 6.6). Bei den entsprechenden Verdünnungen liegt der Wert zwischen dem von Glykol und dem von Wasser. Die Viskosität der Mischung ist von der Temperatur und von der Konzentration stark abhängig (Bild 6.7). Es ist zu beachten, dass wässrige *Antifrogen-N*-Mischungen deutlich niedrigviskoser sind als *Antifrogen-L*-Mischungen.

Bei Wärmeaustauschern, die Wärme aus einer Glykol-Wasser-Mischung auf eine andere Flüssigkeit (oder umgekehrt) übertragen, müssen die Wärmeaustauscherflächen entsprechend den veränderten *k*-Werten vergrößert werden.

Bedingt durch die höhere Dichte und höhere Viskosität der Antifrogen-Wasser-Mischung im Vergleich zu Wasser, muss mit einem höheren Druckabfall in den durchströmten Bauteilen gerechnet werden. Ergänzende Stoffwerte geben die Bilder 6.8 bis Bild 6.11 wieder.

## 6.2 Kühlwasseranlagen

Kühlwasseranlagen ($0\,°C < \vartheta \leq 40\,°C$) werden im Anlagenbau als offene (Durchlaufsysteme) oder geschlossene Systeme eingesetzt. Die Anforderungen an das Kühlwasser sind bei Durchlaufsystemen gering.

Bei Kreislaufsystemen mit offenem Kühlturm ist die Eindickung des Wassers durch Verdunstungsverluste zu beachten und als Nachspeisewasser VE-Wasser zu verwenden (siehe Abschnitt 3.2).

Bei geschlossenen Systemen sind die Ausführungen von Warmwasseranlagen gemäß Abschnitt 6.3 sinngemäß zu beachten.

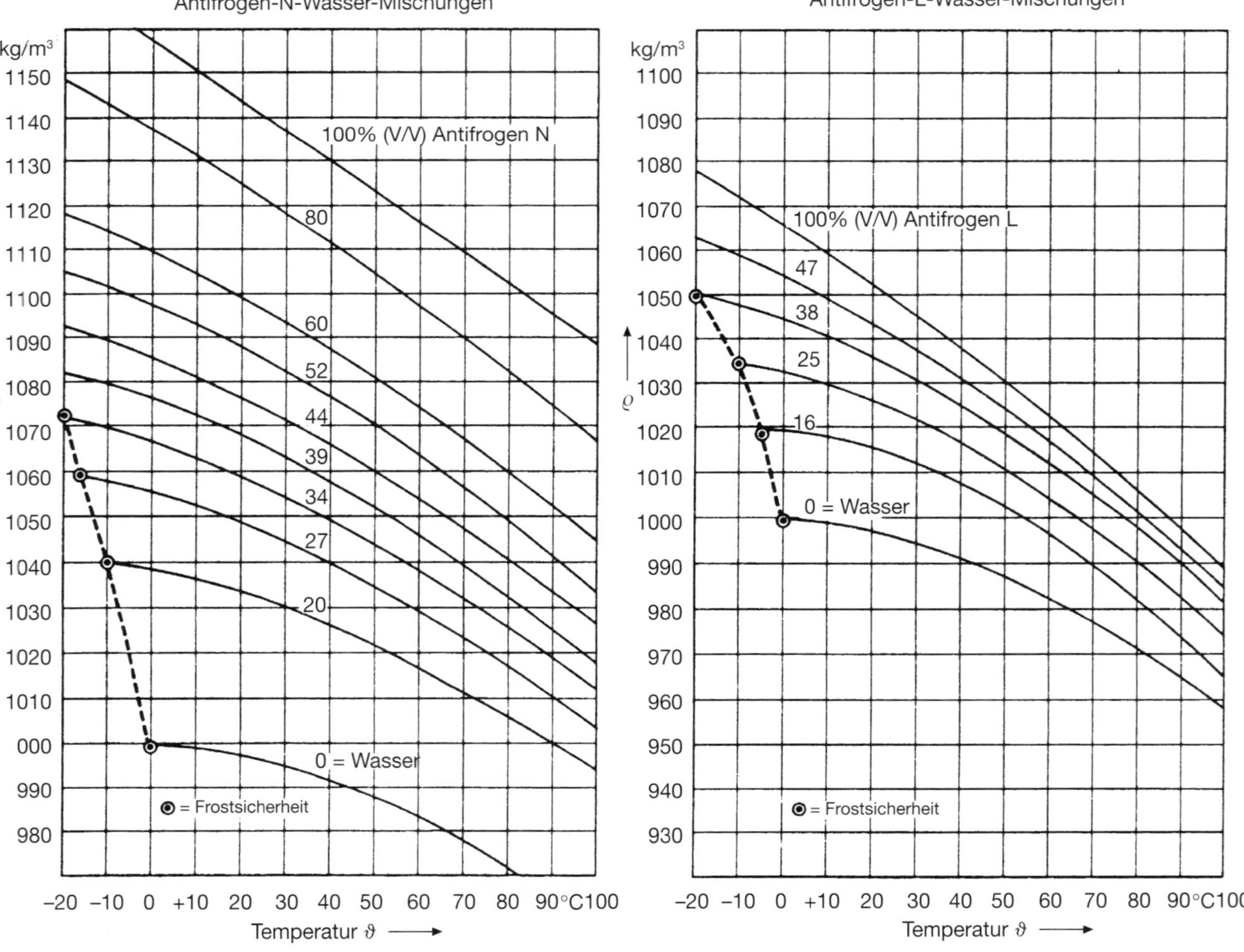


Bild 6.5 Dichte von Antifrogen-Wasser-Mischungen

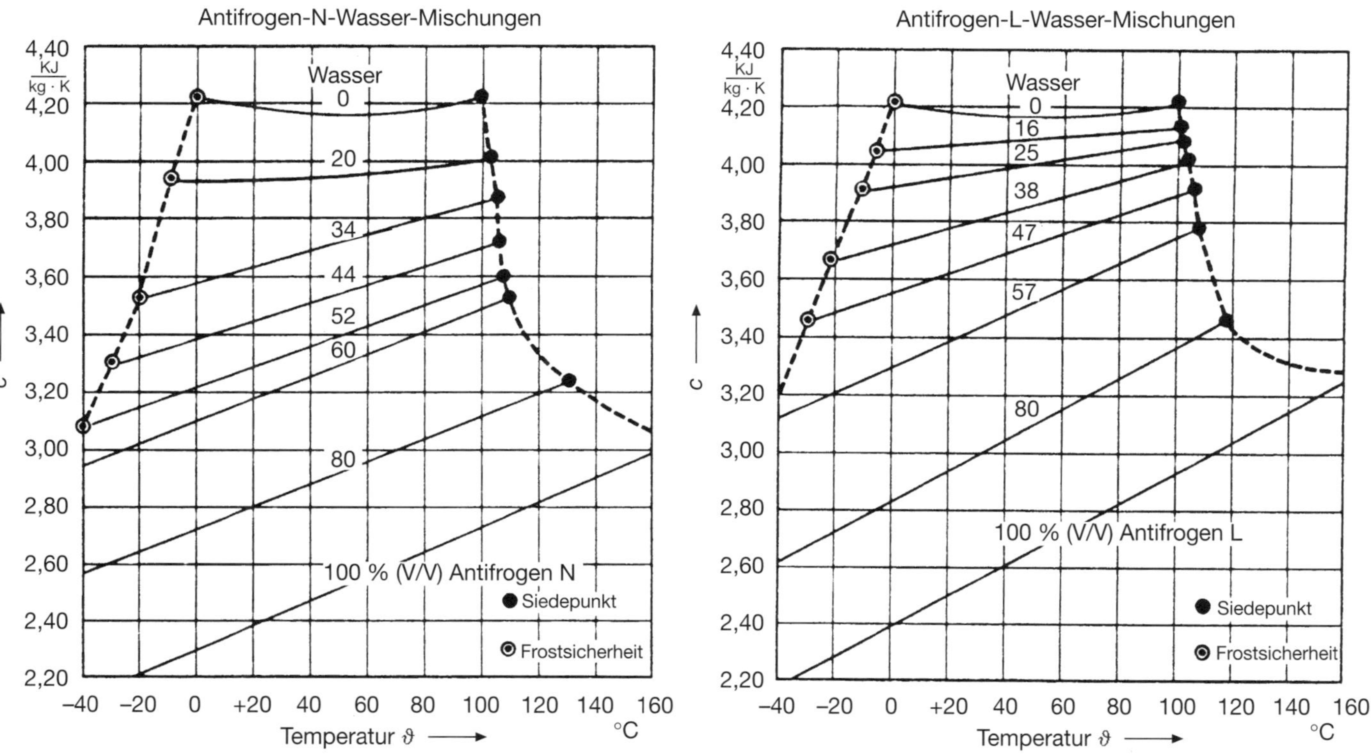


Bild 6.6 Spezifische Wärmekapazitäten von Antifrogen-Wasser-Mischungen

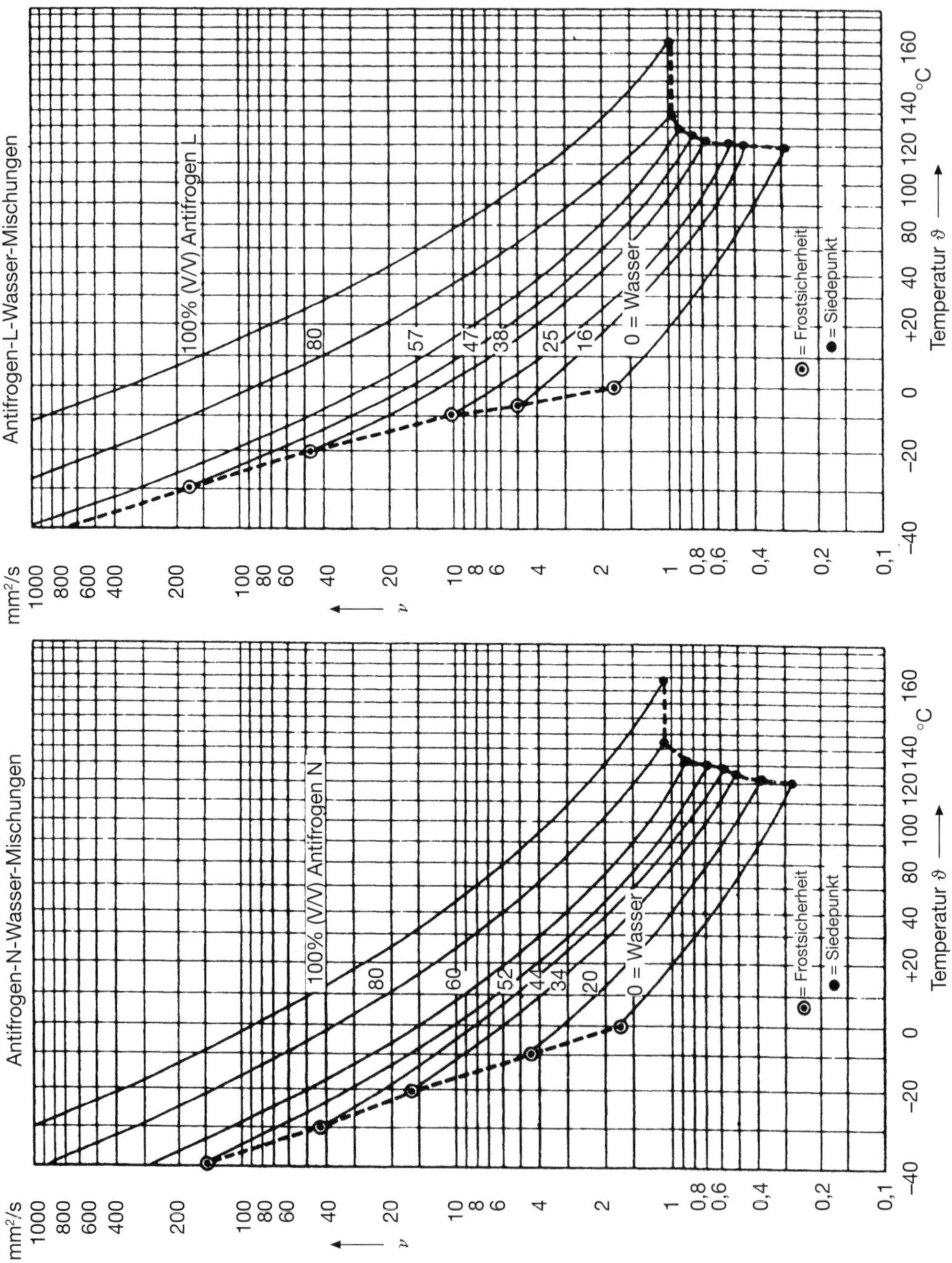

Antifrogen-N-Wasser-Mischungen

100% (V/V) Antifrogen N
80
60
52
44
34
20
0 = Wasser

⊙ = Frostsicherheit
● = Siedepunkt

$\nu$ mm²/s: 1000, 800, 600, 400, 200, 100, 80, 60, 40, 20, 10, 8, 6, 4, 2, 1, 0,8, 0,6, 0,4, 0,2, 0,1

Temperatur $\vartheta$ °C: –40, –20, 0, +20, 40, 80, 100, 120, 140, 160

Antifrogen-L-Wasser-Mischungen

100% (V/V) Antifrogen L
80
57
47
38
25
16
0 = Wasser

⊙ = Frostsicherheit
● = Siedepunkt

$\nu$ mm²/s: 1000, 800, 600, 400, 200, 100, 80, 60, 40, 20, 10, 8, 6, 4, 2, 1, 0,8, 0,6, 0,4, 0,2, 0,1

Temperatur $\vartheta$ °C: –40, –20, 0, +20, 40, 80, 100, 120, 140, 160

Bild 6.7 Kinematische Viskosität von Antifrogen-Wasser-Mischungen

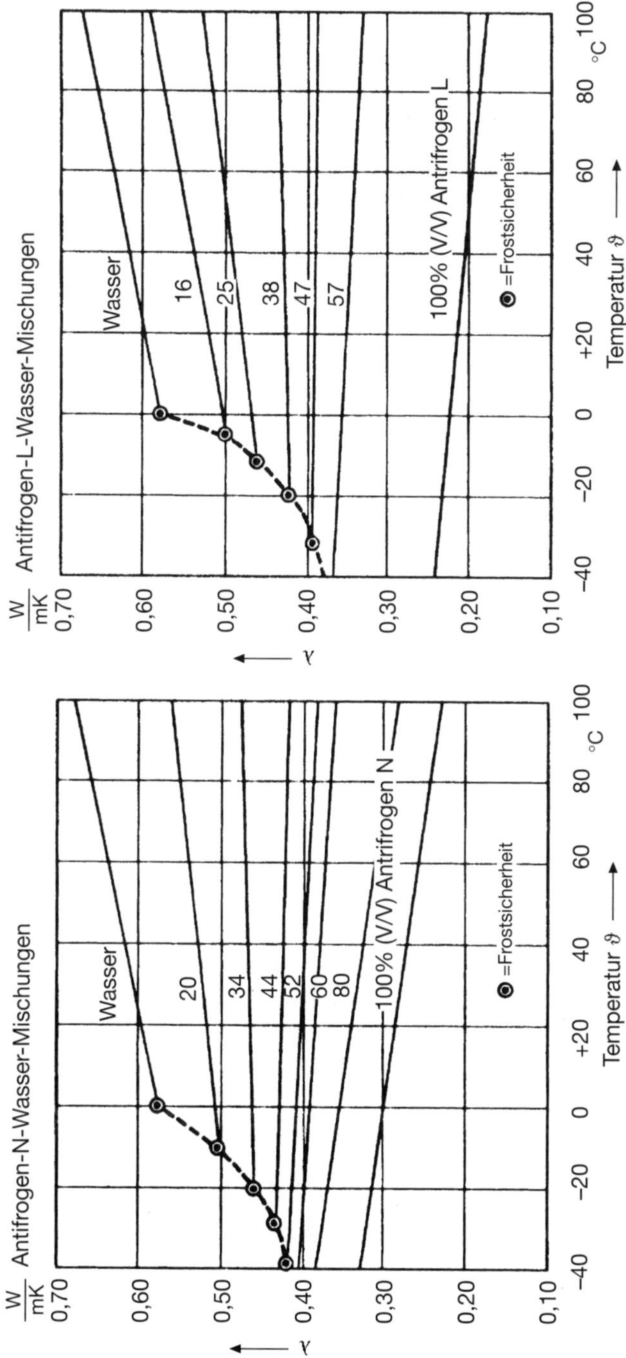


Bild 6.8 Wärmeleitfähigkeit von Antifrogen-Wasser-Mischungen

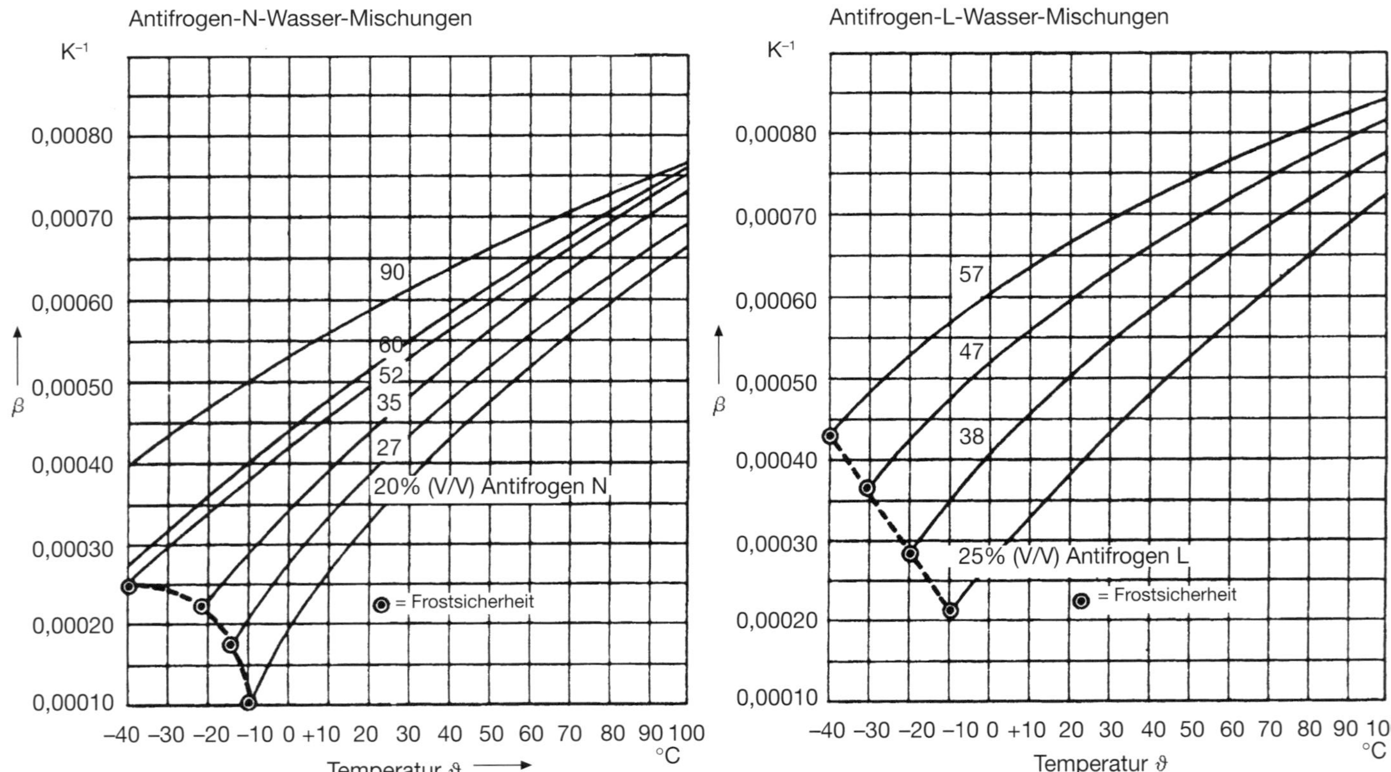


Bild 6.9 Volumenausdehnungskoeffizient von Antifrogen-Wasser-Mischungen

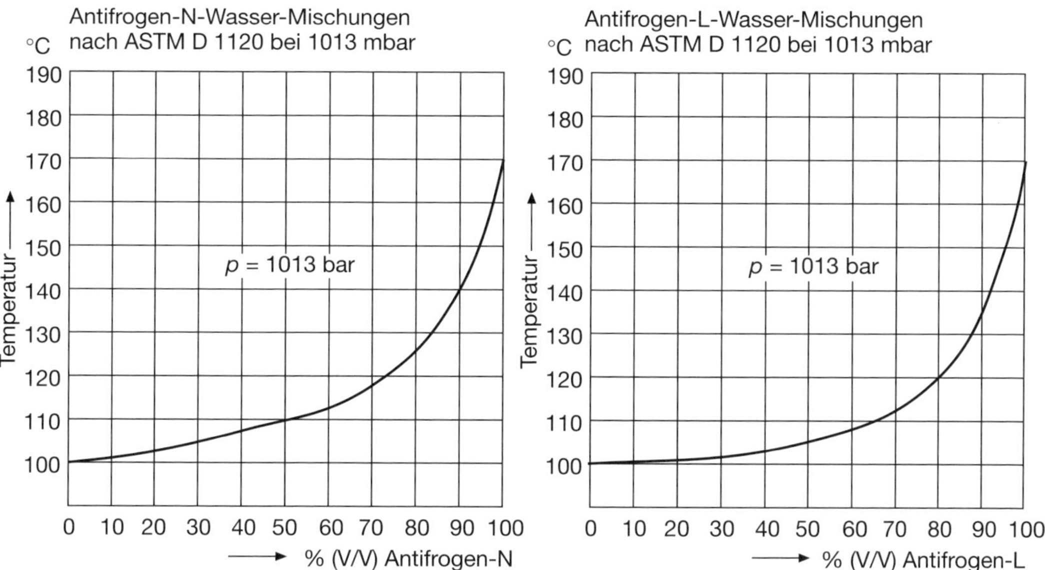


Bild 6.10 Siedetemperatur von Antifrogen-Wasser-Mischungen

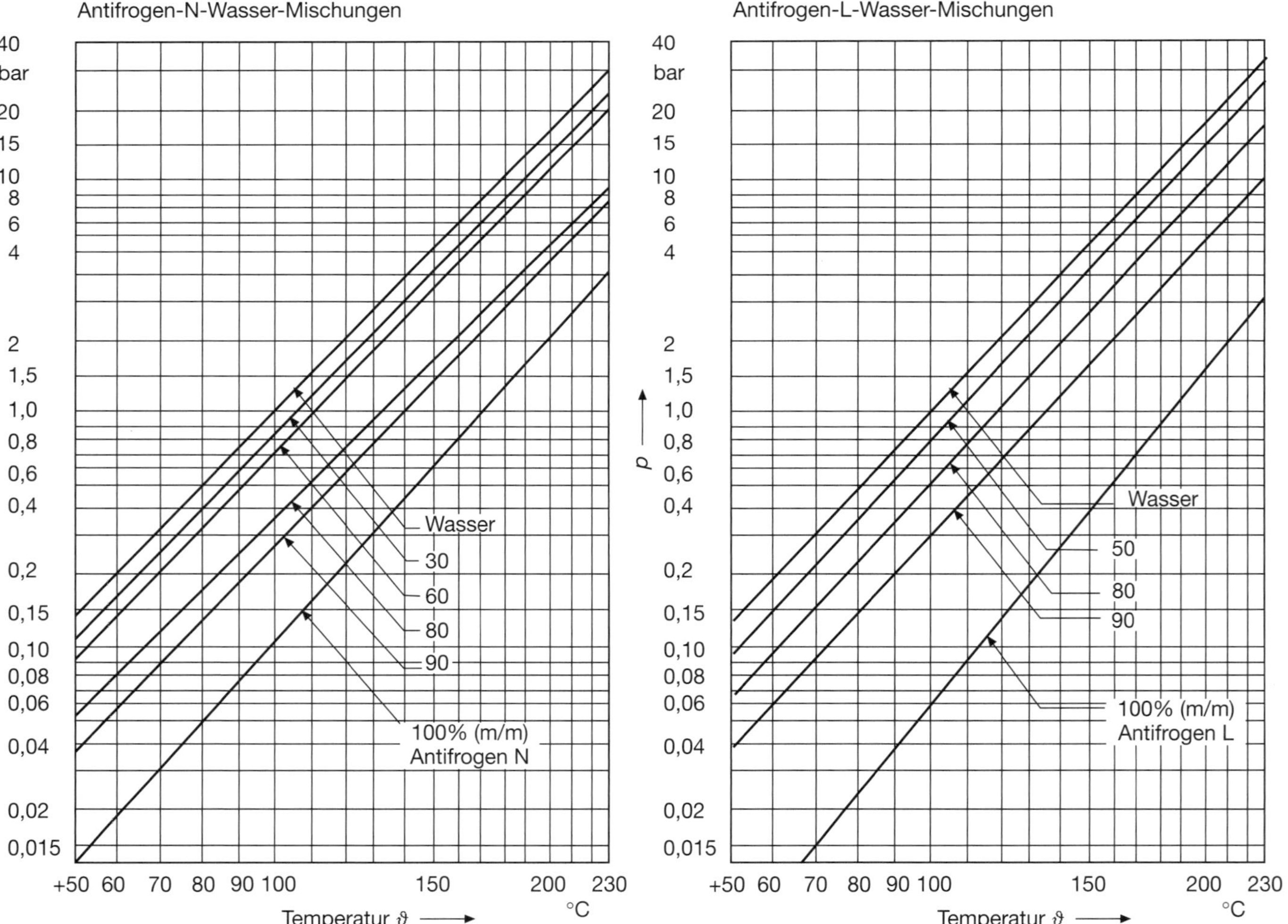


Bild 6.11 Dampfdruckkurven von Antifrogen-Wasser-Mischungen

## 6.3 Warmwasseranlagen

Bei geschlossenen Warmwasseranlagen ($\vartheta <$ 100 °C) erhält man bei Temperaturänderungen eine Wasservolumenänderung. Diese Volumenänderung muss durch Behälter aufgefangen werden (Bild 6.12).

Falls keine Volumenausdehnungsmöglichkeit vorhanden ist, würde ein sehr hoher Druck entstehen, wie dies die nachfolgende Berechnung belegt.

### Druckanstieg bei Wärmeeinwirkung auf ein eingeschlossenes Wasservolumen

Wird eine eingeschlossene Flüssigkeit in einem Rohr oder einem Apparat bei Temperaturanstieg an ihrer Ausdehnung gehindert, so übt diese auf die Apparatewand einen Druck aus. Die Flüssigkeitsausdehnung relativ zur Rohrwand beträgt:

$$\Delta V = V_0 \cdot (\beta - 3\alpha) \cdot \Delta\vartheta \qquad \text{(Gl. 6.1)}$$

Der erforderliche Druck, der die Volumenausdehnung rückgängig machen müsste, beträgt nach dem Poisson'schen Gesetz:

$$\Delta p = \frac{\Delta V}{V_0} \cdot \frac{1}{K_K} \qquad \text{(Gl. 6.2)}$$

Der Gleichgewichtsdruckanstieg beträgt bei der Einsetzung von Gl. 6.1 in Gl. 6.2 schließlich:

$$\Delta p = \frac{\beta - 3 \cdot \alpha}{K_K} \cdot \Delta\vartheta \qquad \text{(Gl. 6.3)}$$

mit:

$\alpha$ Längenausdehnungskoeffizient der Rohrleitung

$\beta$ Volumenausdehnungskoeffizient von Wasser

$K_K$ Kompressibilitätskoeffizient
$K_K = 50 \cdot 10^{-6}$ bar$^{-1}$ bei Wasser

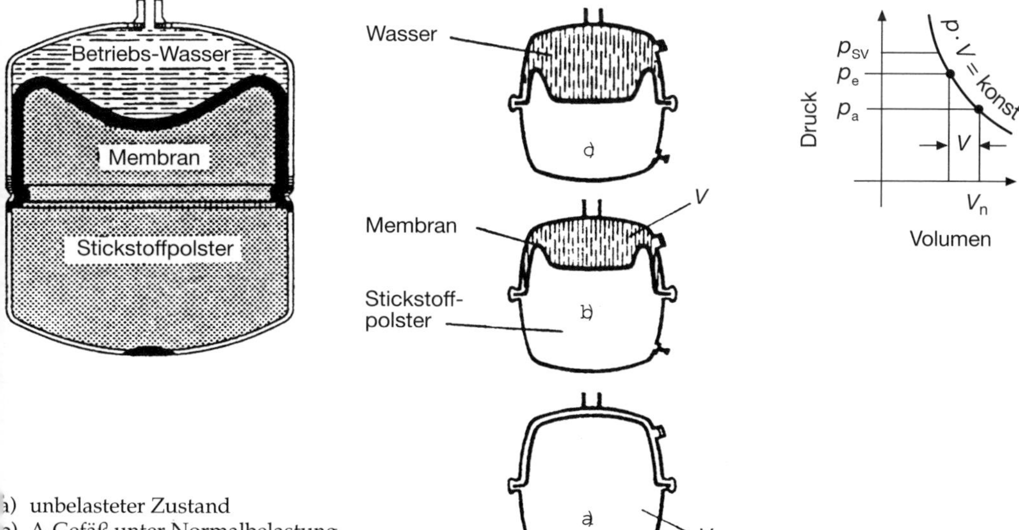


a) unbelasteter Zustand
b) A-Gefäß unter Normalbelastung
c) A-Gefäß bei max. Druck

Bild 6.12 Membranausdehnungsgefäß (Bezeichnungen siehe Text )

> **Beispiel**
>
> Eingeschlossenes Wasservolumen in einer Stahlrohrleitung:
>
> $\beta = 500 \cdot 10^{-6}\,\mathrm{K}^{-1}$
>
> $\alpha = 12 \cdot 10^{-6}\,\mathrm{K}^{-1}$
>
> damit:
>
> $$\Delta p = \frac{(500 - 3 \cdot 12) \cdot 10^{-6}}{50 \cdot 10^{-6}} \cdot \Delta\vartheta$$
>
> $\Delta p \approx 10 \cdot \Delta\vartheta$ (bar)
>
> Dies bedeutet, dass bei vollständig gefüllter Leitung ein Druckanstieg von 10 bar pro 1 K auftritt!

In Warmwasseranlagen werden üblicherweise für die Volumenveränderungen Membranausdehnungsgefäße verwendet. Bei dieser Bauart des Expansionsgefäßes kommt Luft mit dem Wasser nicht in Berührung. Das Gefäß ist mit Stickstoffdruck beaufschlagt, dessen Druck dem statischen Druck der Anlage entspricht (Ruhedruck / Fülldruck).

Bei Anlieferung des Gefäßes liegt die Membrane an der Gehäusewand an. Bei Zuströmung von Wasser über die Ausdehnungsleitung wölbt sich die Membrane und presst das Stickstoffvolumen zusammen.

Damit der Stickstoffkompressionsdruck nicht zu hoch ansteigt, kann das Membranausdehnungsgefäß nur einen Teil des Behälter-Nennvolumens an Wasser aufnehmen.

Das Nennvolumenvolumen berechnet man nach DIN 4807:

$$V_n = (V_e + V_v) \cdot \frac{p_e + 1}{p_e - p_0} \qquad \text{(Gl. 6.4)}$$

mit:

$$V_e = \frac{V_A \cdot \beta}{100} \qquad \text{(Gl. 6.5)}$$

$V_A$ Gesamtwasserinhalt der Anlage in l
$V_n$ Nennvolumen in l
$V_e$ Ausdehnungsvolumen in l
$V_v$ Wasservorlage in l, mindestens 0,5 % des Wasserinhalts der Anlage

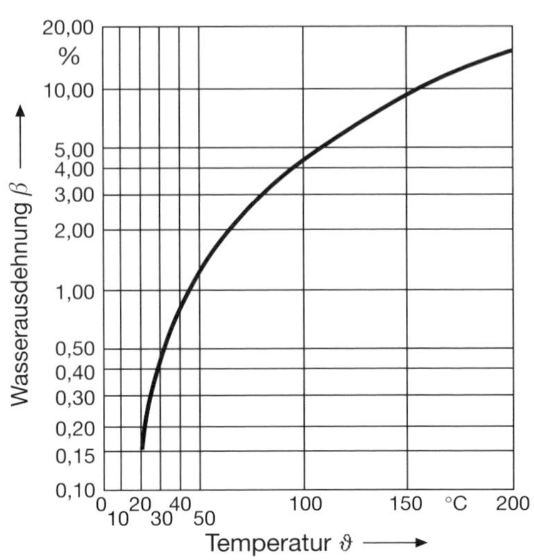


prozentuale Wasserausdehnung bezogen auf 10°C

| $\vartheta$ | 30 | 40 | 50 | 60 | 70 | 80 | 90 | 100 | 110 | 120 | °C |
|---|---|---|---|---|---|---|---|---|---|---|---|
| $\beta$ | 0,40 | 0,75 | 1,17 | 1,67 | 2,24 | 2,86 | 3,55 | 4,31 | 5,11 | 5,99 | % |

Bild 6.13 Prozentuale Wasserausdehnung bezogen auf 10 °C

$\beta$ prozentuale Wasserausdehnung bezogen auf $\vartheta = 10\,°C$ (Bild 6.13)
$p_e$ Enddruck der Anlage in bar
$p_0$ Vordruck in bar

## 6.4 Heißwasseranlagen

Bei Heißwasseranlagen ($\vartheta \geq 100\,°C$) ist dafür zu sorgen, dass keine unzulässig niedrigen Drücke entstehen und somit keine Verdampfung bzw. Ausgasungen auftreten können. Aus diesem Grunde ist ein Druckhaltesystem erforderlich, das üblicherweise mit dem Ausdehnungssystem kombiniert wird.

Grundsätzlich sind folgende Systeme üblich (Bild 6.14):

- ❑ Selbstdruckhaltung,
- ❑ Fremddruckhaltung,
- ❑ Membranausdehnungssysteme und
- ❑ Druckdiktierpumpen.

Druckhalteeinrichtungen mit den Sicherheitsorganen gemäß DIN 4751 gibt Bild 6.15 wieder.

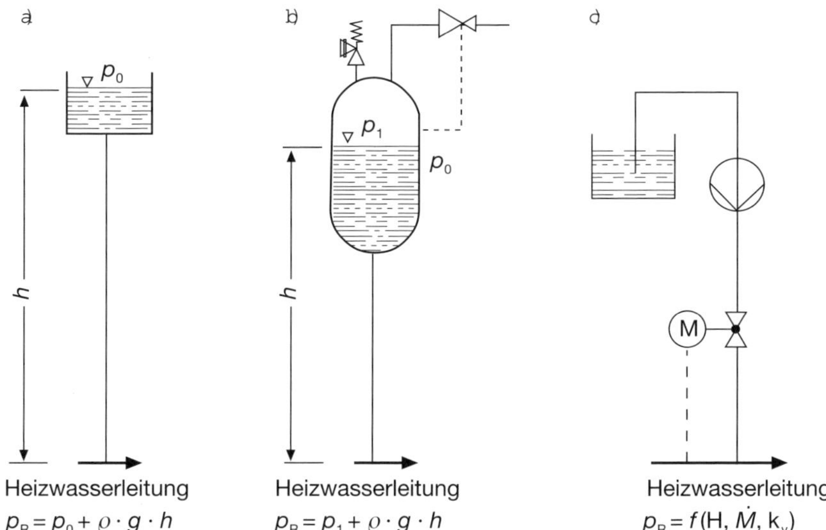


a) offener Behälter
b) geschlossener Behälter mit Dampfpolster
c) Druckdiktierpumpe

Bild 6.14 Schematische Darstellung der verschiedenen Möglichkeiten für die Grunddruckhaltung

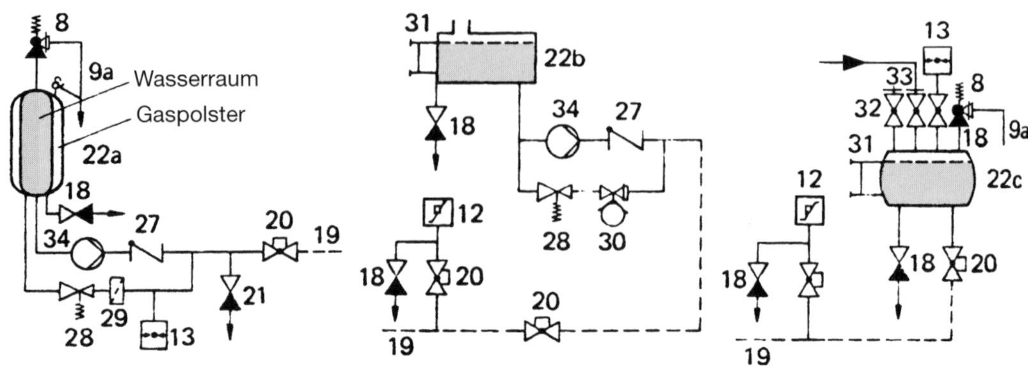


a) Druckhaltung mit drucklosem Ausdehnungsgefäß (GAG mit Membrane)

b) Druckhaltung mit drucklosem Auffangbehälter (OAG)

c) Gasdruckhaltung mit geschlossenem Ausdehnungsgefäß (GAG ohne Membrane)

8 Sicherheitsventil
9a Ausblaseleitung vom Sicherheitsventil
12 Druckbegrenzer min
13 Druckmeßgerät
18 Entleerungsventil
19 Ausdehnungsleitung
20 Absperreinrichtung gegen unbeabsichtigtes Schließen gesichert (z. B. Kappenventil mit Draht und Plombe)
21 Entleerungsventil von Membran-Druckausdehnungsgefäßen (MAG)
22 Membran-Druckausdehnungsgefäße (MAG)
22a geschlossenes Ausdehnungsgefäß mit Membrane (GAG)
22b druckloser Auffangbehälter (OAG)
22c geschlossenes Ausdehnungsgefäß ohne Membrane (GAG)
27 Rückschlagarmatur
28 Überströmventil
30 Steuerbares selbsttätig schließendes Absperrventil
31 Wasserstand
32 Entlüftungsventil
33 Ventil zur ständigen Gaseinfüllung
34 Druckdiktierpumpe

Bild 6.15 Druckhalteeinrichtungen nach DIN 4751 T2 (10.94)

# 7 Wasserdampfanlagen

Unter den Wärmeträgern nimmt Wasserdampf im Anlagenbau eine besondere Stellung ein. Seine im Vergleich zu anderen Wärmeträgern hohe spezifische Energiedichte sowie der sehr hohe Wärmeübergang bei nahezu gleichbleibender Temperatur über der Wärmeaustauscherfläche (konstanter Druck vorausgesetzt) ermöglicht kleine und kompakte Aggregate. Durch Veränderung des Dampfdruckes lässt sich die Dampftemperatur direkt den Wärmeübertragungsanforderungen anpassen.

Um diese Vorteile zu nutzen, sind einige Eigenschaften dieses Mediums sowohl bei der Planung und Installation von Wasserdampf und Kondensatanlagen als auch bei der Auswahl und Auslegung von Armaturen zu berücksichtigen.

Während man bei idealen Gasen die Zustandsgrößen rechnerisch durch die Gasgesetze ermitteln kann, benutzt man bei Wasserdampf Tabellen und Diagramme (s. Tabelle 4.3). Zur Umwandlung von Wasser in Dampf ist eine vom Dampfdruck abhängige Wärmemenge erforderlich. Während des Verdampfungsvorganges haben Wasser und Dampf die gleiche Temperatur. Zwischen der Flüssigkeitsgrenze (siedendes Wasser mit $x = 0$) und dem Sattdampf ($x = 1$) liegt das Gebiet des Nassdampfes, ein Gemisch aus trockenem, gesättigtem Dampf und siedendem Wasser.

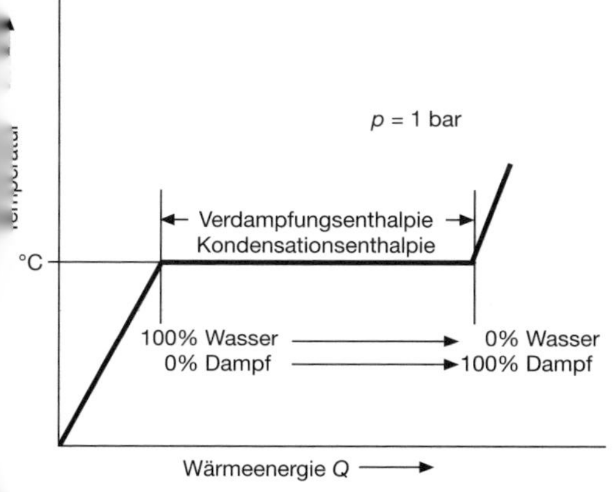


Bild 7.1 Vorgang: Verdampfen–Kondensieren

Durch Zuführung weiterer Wärme, der Überhitzungswärme, wird Sattdampf auf eine Temperatur oberhalb der Sattdampftemperatur gebracht (Bild 7.1) und somit «überhitzt» (Heißdampf).

Für die Wärmeübertragung kommt üblicherweise Sattdampf zum Einsatz. Im Heizprozess gibt der Wasserdampf seine Verdampfungswärme (Kondensationswärme) an das aufzuheizende Medium ab und kondensiert. Bei nahezu gleicher Temperatur fällt Kondensat an.

Mit dem überhitzten Wasserdampf ist es möglich, Dampfmotoren, Dampfturbinen und Kolbenmaschinen wirtschaftlich zu betreiben.

In Dampfanlagen mit Stromerzeugung werden z. B. Wasserdampf-Betriebszustände erzeugt von $p_D$ = 150 bar und $\vartheta_D$ = 550 °C. Diese Anwendungsgrenzen ergeben sich durch die Verwendung von wirtschaftlichen Eisenwerkstoffen.

## 7.1 Erzeugung von Wasserdampf

Wasserdampf wird erzeugt durch:

- Großwasserraumkessel (in Form von Behältersieden),
- Umlaufkessel (in Form von Naturumlauf und Zwangsumlauf),
- Zwangdurchlaufkessel,
- Schnelldampferzeuger sowie
- indirekt beheizte Dampferzeuger.

Qualitätsanforderungen an Wasserdampf sind je nach Anwendungszweck verschieden. Eine wichtige Anforderung ist die «Dampfnässe» nach dem Dampferzeuger.

Um den Wassergehalt im Dampf gering zu halten, ist es erforderlich, im Bereich des

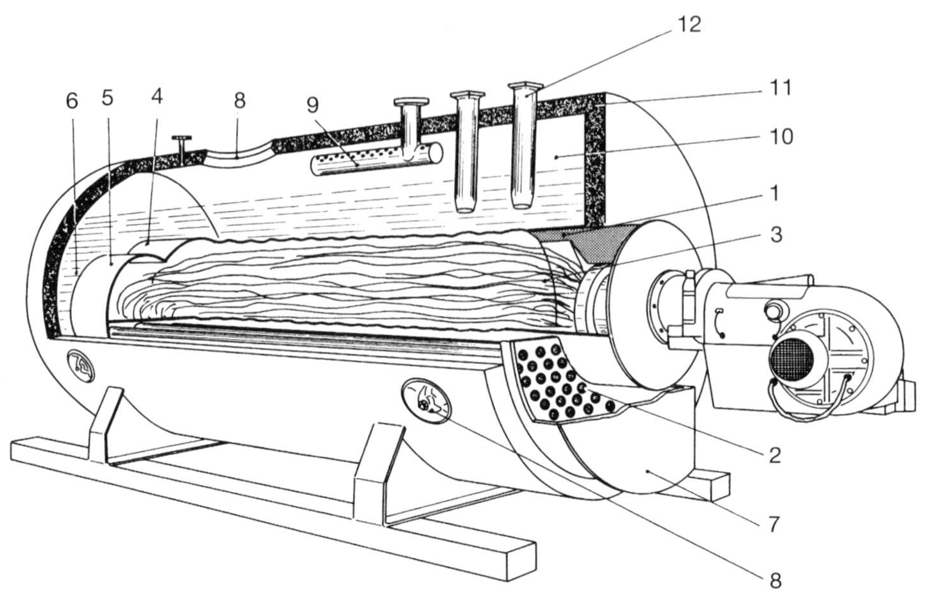


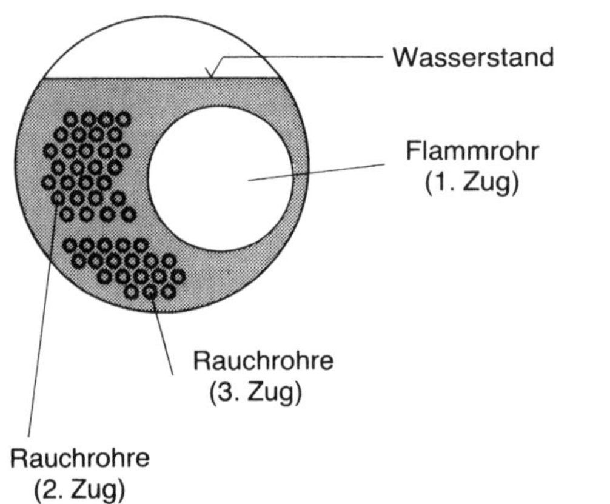


2
1

Möglichkeit der Überhitzeranordnung

1 Überhitzer
2 Heißdampfaustritt

1 Brennermuffel
2 Vordere Wendekammer (Ende 2. und Anfang 3. Rauchgaszug)
3 Flamme bzw. Flammrohr
4 Hintere Wendekammer (wassergekühlt)
5 Anschluss für Rauchrohre
6 Wasserraum
7 Reinigungsöffnung (rauchgasseitig)
8 Reinigungsöffnung (wasserseitig)
9 Dampftrockner
10 Dampfraum
11 Wärmedämmung
12 Wasserstandsregler

Bild 7.2 Flammrohr-Rauchrohrkessel (3-Zug-Kessel) Großwasserraumkessel

Dampfaustrittsstutzens im Dampferzeuger einen «Tropfenabscheider» vorzusehen.

### 7.1.1 Rauchrohrkessel

Für Drücke bis 25 bar und etwa 18 MW thermische Leistung werden vorwiegend **Flammrohr-Rauchrohrkessel** eingesetzt (Bild 7.2), bei denen die **Rauchgase in den Rohren** geführt werden.

Der Wasserinhalt ist im Verhältnis zur stündlich erzeugten Dampfmenge groß (daher auch Großwasserraumkessel genannt) und erhöht die Speicherwirkung bei Druckschwankungen. Die Verdampferleistung ist auf 3,5 kg/s mit 1 Flammrohr und 7 kg/s mit 2 Flammrohren begrenzt. Bei einer mittleren Heizflächenwärmestromdichte von $\dot{q}$ = 30 000 W/m$^2$ bei Öl- und Gasfeuerung ergeben sich somit Austauscherflächen bis zu 600 m$^2$.

Der Dampf kann auch durch zusätzliche Heizflächeneinbauten überhitzt werden bis ca. 450 °C. Der Überhitzer kann in die hintere Wendekammer (gegen Flammenstrahlung jedoch geschützt) als auch bei niedriger Überhitzung in die vordere Wendekammer (nach dem 2. Rauchrohrzug) eingebaut werden.

### 7.1.2 Wasserrohrkessel

Da Rauchrohrkessel für hohe Drücke und Temperaturen ungeeignet sind (z. B. große Wanddicken sowie daraus folgende Wärmespannungen), wurden die Wasserrohrkessel entwickelt.

Bei Wasserrohrkessel wird – im Gegensatz zum Rauchrohrkessel – das zu verdampfende **Wasser in den Rohren** geführt.

Diese Rohre bilden Wand- und Bündelheizflächen, in denen die in der Feuerung freigesetzte Wärme an das Wasser und an den Dampf übertragen wird. Die Kessel sind dabei so aufgebaut, dass ein Großteil der eingebrachten Wärme als Strahlungswärme übertragen wird (daher auch Strahlungskessel). Der Wasserinhalt ist geringer als beim vergleichbaren Rauchrohrkessel.

Die Siederohre der Wasserrohrkessel werden von einem Dampf-Wasser-Gemisch gekühlt. das im Naturumlauf durchströmt wird. Bei **Naturumlaufkessel** wird die Zirkulation im Verdampfer durch den Dichteunterschied des Wassers zwischen den beheizten und unbeheizten Rohren aufrechterhalten.

Zum Vermeiden dadurch gegebener Einschränkungen der Konstruktion, wurden die **Zwangumlaufkessel** entwickelt, bei denen das Wasser mit einer Umwälzpumpe durch die Rohre gedrückt wird.

Bei beiden Bauarten muss das Wasser-Dampf-Gemisch in einer Trommel getrennt werden. Diese mit steigendem Druck und höherer Leistung immer teurer werdende Trommel entfällt beim **Zwangdurchlaufkessel**, bei dem ohne Wasserüberschuss verdampft wird.

Wegen des verringerten Wasserinhaltes sind diese Dampferzeuger schneller reaktionsfähig und im Aufbau einfacher. Die Grundform ist das beheizte Rohr (deshalb auch 1-Rohr-Kessel genannt), in das Wasser eingespeist wird und aus dem (überhitzter) Dampf austritt. Der Durchfluss durch den Economicer und Überhitzer wird bei allen Kesseltypen von der Speisepumpe geregelt.

Grundsätzlich unterscheidet man (Bild 7.3):

- ❑ Naturumlaufkessel,
- ❑ Zwangumlaufkessel und
- ❑ Zwangdurchlaufkessel mit und ohne überlagerten Umlauf.

Als weiteres Kriterium kann der Verdampferendpunkt, ob fest oder variabel, angesehen werden.

### 7.1.3 Naturumlaufkessel

Bei einem Wasserrohrkessel mit natürlichem Wasserumlauf müssen die beheizten Rohre so angeordnet sein, dass sich in ihnen, allein durch den Unterschied der Dichten in den beheizten Rohren und den unbeheizten Fallrohren, ein natürlicher Wasserumlauf bilden kann. Das heißt, das erwärmte Wasser oder die Dampfblasen müssen ohne Behinderung nach oben abströmen können.

Bild 7.4 zeigt solch einen Wasserrohrkessel mit natürlichem Wasserumlauf. Die Steigrohre sind beheizt; in ihnen strömt das Wasser nach

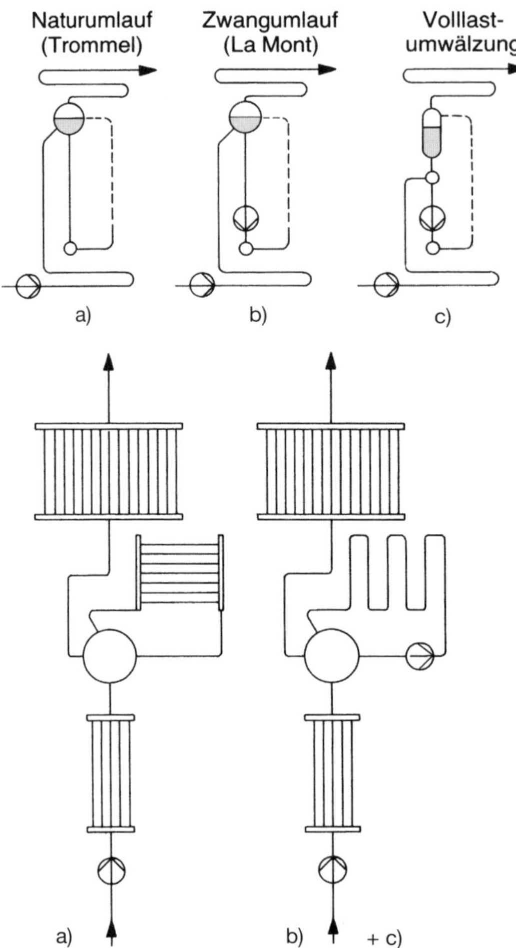


Bild 7.3 Dampferzeugungssysteme mit festem Verdampferendpunkt

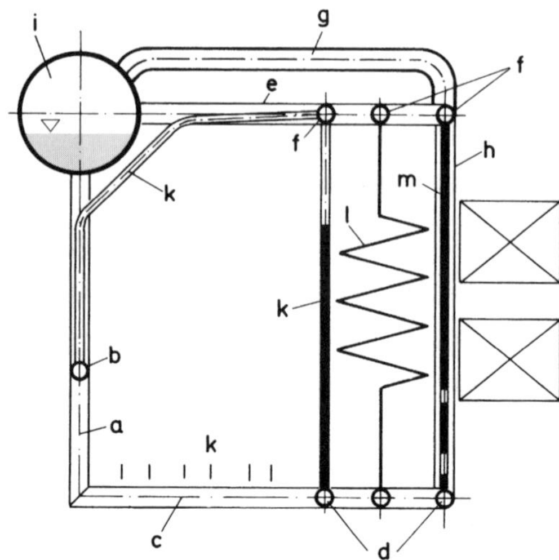


a Fallrohre von der Trommel
b Vorderwandverteiler
c Längsverteiler, je Kesselseite einer
d Rückwandverteiler
e Längssammler, je Kesselseite einer
f Quersammler
g Überstromrohre
h Rücklaufrohre
i Trommel
k, l, m beheizte Steigrohre

Bild 7.4 Naturumlaufkessel (Eckrohrkessel)

oben. Die Fallrohre, die das Wasser aus der Trommel und beim Eckrohrkessel aus den Längs- und Quersammlern den unteren Verteilern zuführen, sind in diesem Fall unbeheizt.

Die Kessel sind etwa bis zur Trommelmitte mit Wasser gefüllt. Durch die Flamme und durch die Rauchgase wird das Wasser im Kessel erwärmt. Warmes Wasser hat eine kleinere Dichte als kaltes Wasser. Durch diese Unterschiede in den spezifischen Dichten steigt das warme Wasser nach oben, «kälteres» Wasser strömt nach. Wenn Dampfblasen entstehen, bildet sich ein Dampf-Wasser-Gemisch, dessen Dichte erheblich kleiner ist als das Wasser, so dass ein intensiver Umlauf erfolgt.

Das heißt, das noch «stehende» Wasser wird erwärmt. Das wärmere Wasser steigt nach oben, kälteres Wasser strömt nach. Nach einer gewissen Zeit bilden sich Dampfblasen, die einen Teil des Wassers verdrängen. Der Umlauf beginnt. Die Entwicklung der Dampfblasen nimmt zu, und es entsteht ein Wasser-Dampf-Gemisch, das den intensiven Wasserumlauf bewirkt.

In der Trommel, beim Eckrohrkessel schon in den Sammlern, findet die Trennung von Dampf und Wasser statt, und zwar dadurch, dass das Wasser-Dampf-Gemisch nicht mehr beheizt wird und durch den größeren Strömungsquerschnitt der Sammler und der Trommel so langsam strömt, dass eine Abscheidung des spezifisch schweren Wassers vom spezifisch leichteren Dampf erfolgen kann.

Der entstandene Dampf wird aus der Trommel für die weitere Verwendung entnommen. Die Restwassermenge läuft weiter im Kessel um, d.h. Aufwärmung, Abziehen von Dampf usw.

Das Verhältnis von umlaufender Wassermenge zur erzeugten Dampfmenge bezeichnet man als **Umwälzzahl.** Damit das Wasser im Kessel nicht weniger wird, wird die Menge, die an Dampf entnommen wird, mit Wasser wieder nachgefüllt: man nennt das Nachspeisen.

Die Größe der umlaufenden Wassermenge ist abhängig vom Kesselsystem und liegt zwischen 5...40.

### 7.1.4 Zwangumlaufkessel

Im Gegensatz zum Naturumlaufkessel erfolgt beim Zwangumlaufkessel der Wasserumlauf nicht durch den Unterschied der Dichten, sondern das umlaufende Wasser wird mittels einer Umwälzpumpe durch die Kesselrohre gedrückt.

Die erste praktische Entwicklung erhielt die Bezeichnung **La-Monte-Kessel** (Bild 7.3). Das Umlaufwasser läuft aus der Trommel zur Pumpe und wird in mehrere parallelgeschaltete Rohre der verschiedenen Heizflächen gefördert. Das Wasser-Dampf-Gemisch gelangt in die Trommel, wo der Dampf vom Wasser getrennt und neues Speisewasser, dem Dampfverbrauch entsprechend, zugeführt wird. Durch die Aufteilung des Wasserstroms auf mehrere parallele Rohre wird erreicht, dass die Umwälzpumpe mit verhältnismäßig geringer Leistung und Förderhöhe auskommt. Ein besonderes Kennzeichen des La-Monte-Kessels ist, dass vor jedem der parallelgeschalteten Rohre eine Verteilerdüse angebracht ist, wodurch erreicht wird, dass jedem Verdampferrohr eine gewünschte Wassermenge zugeführt wird. Der Förderdruck der Umwälzpumpe liegt i. A. bei 2,5 bar.

Durch den durch die Umwälzpumpe hervorgerufenen Zwangumlauf ist man mit einem La-Monte-Kessel an keinerlei bauliche Gegebenheiten gebunden, d.h., man kann Verdampferrohrschlangen, in denen der Dampf normalerweise das Bestreben hat, nach oben zu steigen, auch so anordnen, dass der Dampf die Rohre von oben nach unten durchströmt. Der umlaufende Wasserstrom beträgt das 3,5...15fache der Dampferzeugung.

### 7.1.5 Zwangdurchlaufkessel

Beim Zwangdurchlaufkessel tritt eine bestimmte Menge an Wasser ein, und die gleiche Menge an Dampf tritt aus (kg Wasser = kg Dampf). Das Wasser wird von einer Speisepumpe in den Speisewasser-Vorwärmer gedrückt, danach durch den Verdampfer und dann durch den Überhitzer, d.h., die Speisepumpe muss den Widerstand des Vorwärmers, der Verdampferrohre und des Überhitzers überwinden.

Als Zwangdurchlaufkessel sind der **Benson-** und der **Sulzerkessel** bekannt. Bei diesen Dampferzeugern werden besondere Anforderungen an die Qualität des Speisewassers gestellt. Eine besondere Bauart von Dampferzeugern sind die im Anlagenbau üblichen Schnelldampferzeuger (Bild 7.5).

### 7.1.6 Indirekt beheizte Dampferzeuger

Diese Art von Dampferzeuger (Bild 7.6) werden vorwiegend für industrielle Beheizungen verwendet, wobei der Leistungsbereich von kleinsten Leistungen bis etwa 20 MW liegt.

Da bei dieser Form der Dampferzeugung, durch die fehlende Flammenstrahlung, die Verdampfung durch aufgeprägte Temperaturdifferenz $\Delta\vartheta = \vartheta_W - \vartheta_S$ erfolgt und nicht durch eine aufgeprägte Wärmestromdichte $\dot{q}$, können keine kritischen Verdampferzustände mit Durchbrenngefahr der Rohre (Burnout) eintreten [3].

Dies ist wichtig, da selbst örtliche Filmverdampfung der Übertemperatur durch das Beheizungsmittel eine Selbstbegrenzung darstellt. Durch die geringe Wärmestromdichte sowie den genannten Selbstregeleffekt bestehen für diese Art von Dampferzeuger wesentlich geringere Sicherheitsanforderungen an die Dampfkessel-Überwachungsgeräte sowie

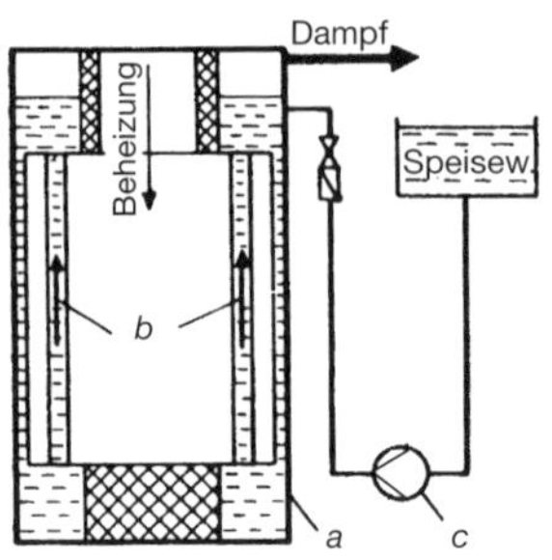


Naturumlaufkessel

a Kesselkörper mit Wassermantel und Ringkammern
b Siederohre (Steigrohre)
c Speisepumpe

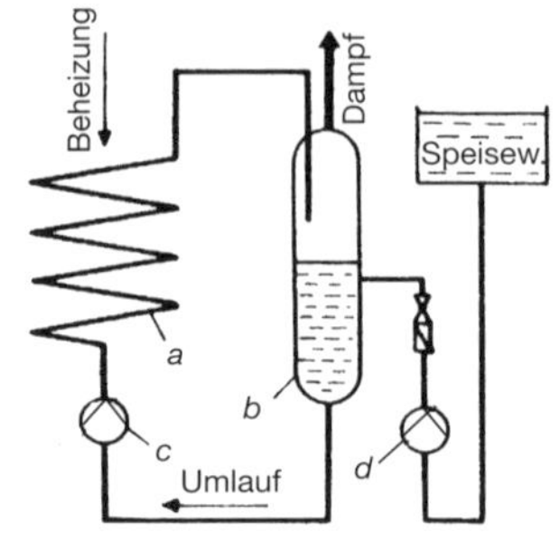


Zwangsumlaufkessel

a Heizrohrsystem
b Dampfabscheider
c Umwälzpumpe
d Speisepumpe

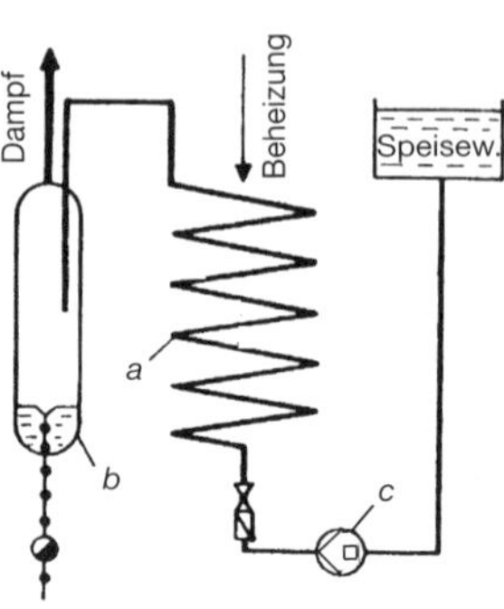


Durchlaufkessel

a Heizrohrsystem
b Wasserabscheider
c Kolben-Speisepumpe

Bild 7.5 Schemata von Schnelldampferzeuger

an die Wasserqualität. Ein **B**etrieb **o**hne besondere **B**eaufsichtigung (BOB) ist sehr einfach möglich.

### 7.1.7 Ausdampftrommel

Bei Natur- und Zwangumlaufkesseln ist eine Ausdampftrommel notwendig, um das Dampf-Wasser-Gemisch zu trennen.

Die zulässige Dampfraumbelastung beträgt, wobei als Dampfraum der Raum oberhalb des Wasserspiegels zu rechnen ist:

$$V_{\mathrm{D,\,spez}} = \frac{259}{p^{0,7} \cdot L_{\mathrm{el}}} \cdot (\mathrm{s}^{-1}) \qquad \text{(Gl. 7.1)}$$

Diese Dampfraumbelastung stellt die reziproke Aufenthaltszeit dar, und damit ergibt sich die Dampfraumgröße zu:

$$V_{\mathrm{D}} = \frac{\dot{M}_{\mathrm{D}}}{\varrho'' \cdot V_{\mathrm{D,\,spez}}} \qquad \text{(Gl. 7.2)}$$

mit:

$p$ Trommeldruck in bar

$L_{\mathrm{el}}$ Leitfähigkeit des Kesselwassers in µS/cm
Gültig für: $L_{\mathrm{el}}$ = 2000…10 000 µS/cm
(nach FDBR-Richtlinie 156)

Um eine möglichst große Oberfläche zu bekommen, werden die Trommeln waagerecht installiert. Zur zusätzlichen Abscheidung von Wassertropfen werden meist Zyklonabscheider mit nachgeschalteten Dampftrocknern eingebaut.

## 7.2 Dampfspeicher

Dampfspeicher haben die Aufgabe, eine bessere Ausnutzung der Energieerzeugung zu bewirken. Kurzzeitige Lastspitzen müssen dann nicht bei der Kesselanlage berücksichtigt werden. Der Dampf wird hierbei (Ruths-Speicher) in Wasser eingeblasen und kondensiert; er wärmt das Speicherwasser bei steigendem Druck auf (Bild 7.7).

Die Speicherfähigkeit je m³ Speicherinhalt beträgt:

$$m_{\mathrm{D,Speich}} = \varrho_1 \cdot \frac{h_1' - h_2'}{h_2'' - h_2'} \left(\frac{\mathrm{kg}}{\mathrm{m}^3}\right) \qquad \text{(Gl. 7.3)}$$

mit:

$\varrho_1$ Dichte des Wassers

Die Wasserenthalpie $h_1'$ im geladenen Zustand muss gleich der Enthalpie im entladenen Zustand $h_2'$ zuzüglich der Dampfenthalpie $h_2''$ sein

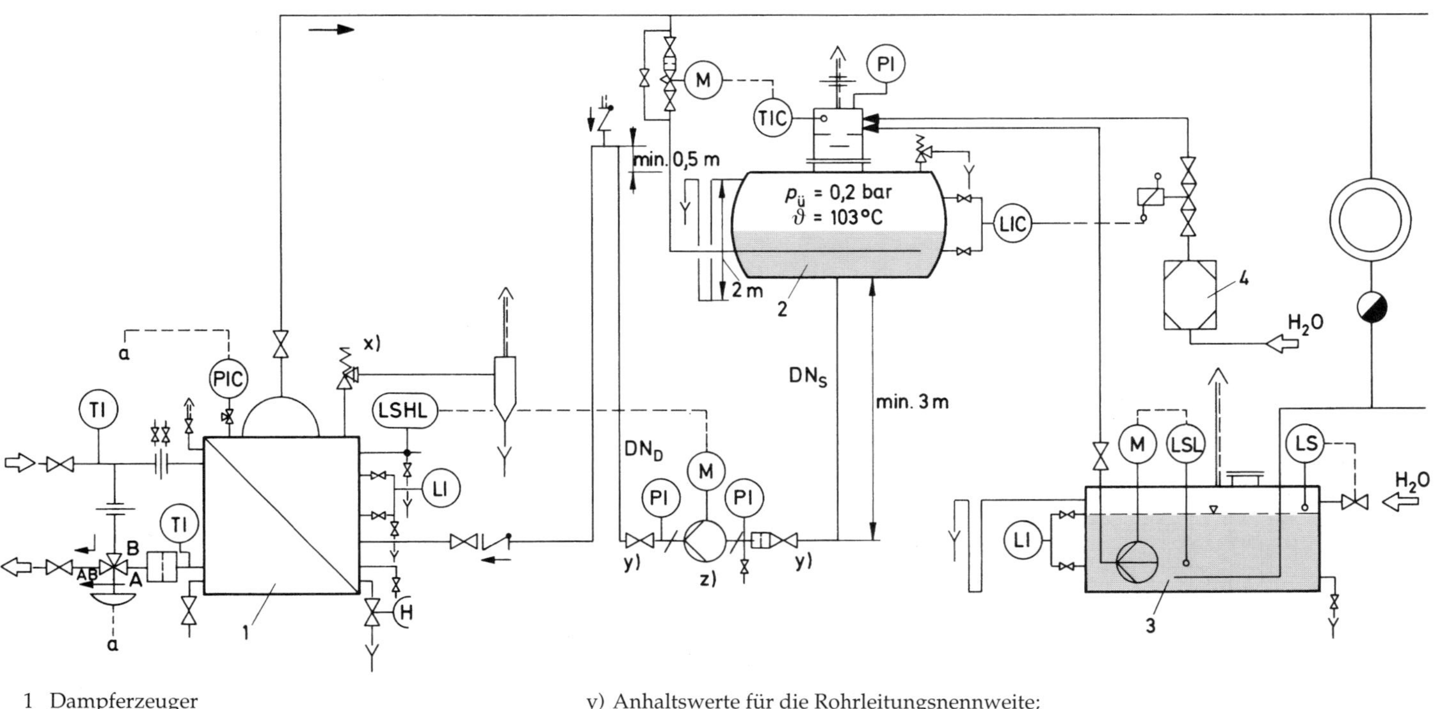


1 Dampferzeuger
2 Entgaser
3 Kondensatsammelbehälter
4 Speisewasseraufbereitung

Auslegungsrichtlinien
(Index: arb = max. Arbeitsdruck)

x) $p_{max} = \dfrac{P_{arb}}{0{,}88}$ ; min. jedoch $p_{max} = p_{arb} + 3$ bar

y) Anhaltswerte für die Rohrleitungsnennweite; gegebenenfalls NPSH-Wert der Pumpe nachrechnen
Saugseite $DN_s = DN_{s,\,Pumpe} + 2$ Stufen
Druckseite $DN_D = DN_{D,\,Pumpe} + 1$ Stufe

z) Pumpendaten: $V_p = 1{,}1 \cdot \dot{V}_{arb}$
$\Delta p = 1{,}1 \cdot p_{arb}$

Bild 7.6 Indirekt beheizte Dampferzeuger

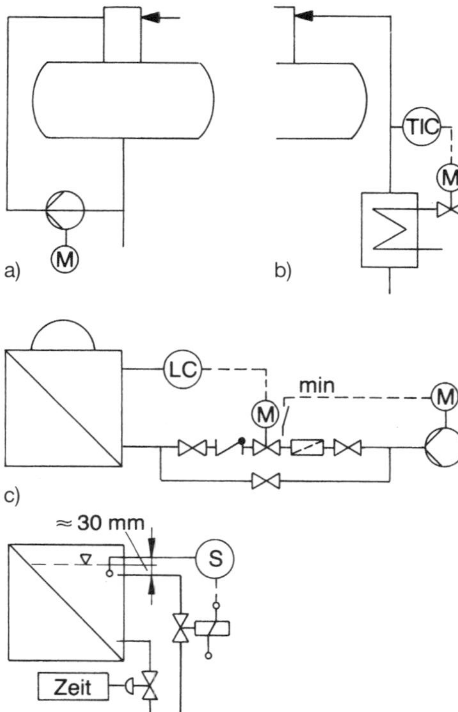


a) Entgaser mit Zirkulationspumpe zur Temperaturvergleichmäßigung
b) Speisewasservorwärmung
c) Stufenlose Dampferzeuger-Wassereinspeisung
d) Automatische Entsalzung und Entschlammung:
(S = Konzentration)
bei u) ist Wärmerückgewinnung möglich

Bild 7.6 (Fortsetzung)

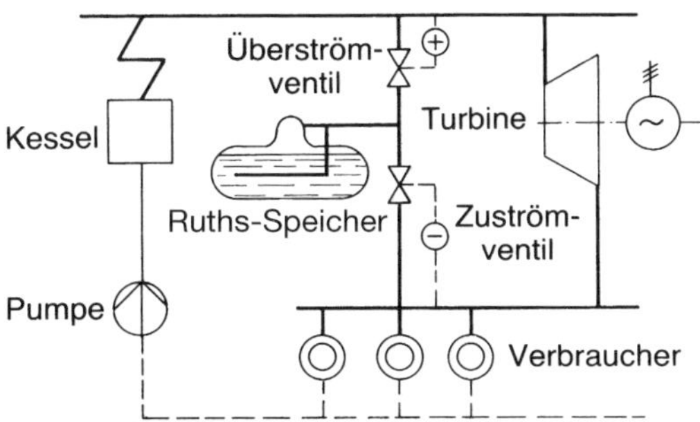


Bild 7.7 Anordnung eines Dampfspeichers (Ruths-Speicher)

**Beispiel**

Es ist die spez. Dampfspeicherkapazität bei einem Aufladedruck von $p_1$ = 18 bar zu bestimmen. Der Entladedruck soll sein: $p_2$ = 6 bar.

Wie groß ist die speicherbare Wärmekapazität bei einem Speichervolumen von 100 m³ bezogen auf $h_2''$?

**Lösung**

Wasser- und Wasserdampfdaten:

$p_1 = 18$ bar; $\vartheta_1 = 207{,}11\,°C$; $h_1' = 884{,}58$ kJ/kg;

$\rho_1 = 856{,}3$ kg/m³

$p_2 = 6$ bar; $\vartheta_2 = 158{,}84\,°C$; $h_2' = 670{,}42$ kJ/kg;

$h_2'' = 2755{,}5$ kJ/kg

damit wird:

$$m_{D,\,Speich} = \rho_1 \cdot \frac{h_1' - h_2'}{h_2'' - h_2'} = 856{,}3 \cdot \frac{884{,}58 - 670{,}42}{2755{,}5 - 670{,}42}$$

$m_{D,\,Speich} = 87{,}95$ kg/m³

Die maximal mögliche gespeicherte Dampfmasse beträgt:

$M_{D,\,Speich} = m_{D,\,Speich} \cdot V = 87{,}95 \cdot 100 = 8795$ kg

Dies entspricht einer maximalen Wärmemenge (bezogen auf 0 °C) von:

$Q = M_{D,\,Speich} \cdot h_2'' = 8795 \cdot 2755{,}5 = 2{,}42 \cdot 10^7$ J

$Q = 24{,}2$ MJ

## 7.3 Dampftrockner

Betriebe mit konstantem und kontinuierlichem Dampfverbrauch sind selten. Es überwiegen Dampfverbraucher, die nur zeitweilig Dampf benötigen. Da jedoch jede stoßartige Dampfentnahme aus dem Kessel einen Druckabfall zur Folge hat, verdampft sehr rasch ein Teil des Wassers. Diese schnelle Verdampfung und Entnahme führen dazu, dass der Dampf Wasser mitreißt, dessen Menge recht erheblich sein kann.

Die mitgerissenen Wassermengen gelangen in den Überhitzer oder in die Dampfleitungen und können dort Schäden und Störungen verursachen:

- Im Überhitzer kann die Überhitzungstemperatur nicht eingehalten werden; durch das mitgerissenen Wasser entstehen Kavitation, Erosion und eventuell auch Wasserschläge, die Leitungen, Apparate und Maschinen zerstören.
- Das Wasser reißt auch Salze mit, die sich in den nachgeschalteten Anlagenteilen ablagern und verkrusten. Querschnittsverengungen, geringer Wärmeaustausch, verminderte Heizleistung, Korrosionen und Ausglühen der Überhitzerrohre sind die Folgen.

Der Dampftrockner verhindert weitgehend diese Gefahren, und es ist möglich, eine höhere stetige Leistung zu erzielen, ohne dass das mitgerissene Wasser in die Leitungen gelangt.

Die Wirkungsweise der Abscheider beruht auf der Zyklonwirkung (Zentrifugalkräfte). Hierdurch werden die Wassertröpfchen nach außen geschleudert und strömen durch die Schwerkraft nach unten. Das Wasser wird über Kondensatabscheider abgeleitet.

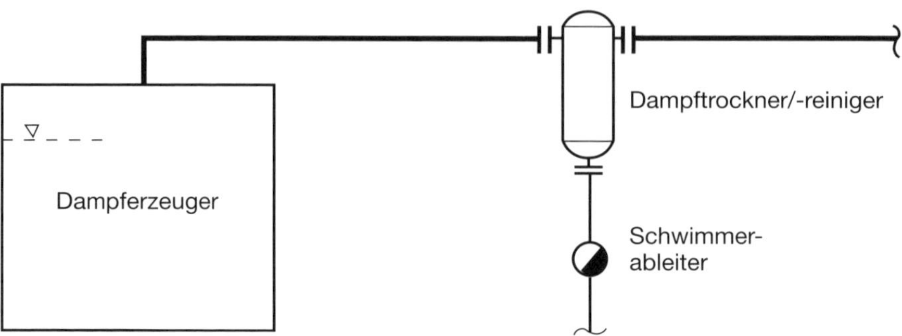


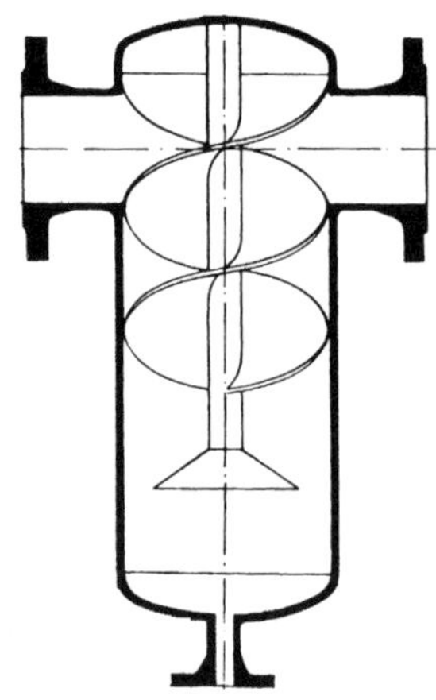


Bild 7.8 Dampftrockner

## 7.4 Dampfleitungen

Bei Dampfleitungen ist zu beachten, dass bei der Inbetriebnahme Rohrleitungen sowie Rohrleitungsteile, wie Armaturen, Wärmedämmung usw., auf eine Betriebstemperatur aufgeheizt werden müssen. Diese Wärmeenergie wird aus dem Dampf entnommen, und es kondensiert eine entsprechende Dampfmenge. Bei der Außerbetriebnahme wiederum kühlt das stehende Dampfvolumen ab und kondensiert.

Auch während des Betriebes entstehen Wärmeverluste durch die Wärmedämmung und entsprechende Wärmebrücken. Alle diese dem Dampf entzogene Wärmemengen entsprechen einer bestimmten Kondensatmenge.

### 7.4.1 Wärmeverluste

Den Wärmeverlust einer gedämmten Rohrleitung kann man folgendermaßen berechnen (Bild 7.9):

$$\dot{Q}_L = \dot{q}_L \cdot L \qquad \text{(Gl. 7.4)}$$

mit:

$L$ Rohrleitungslänge
$\dot{q}_L$ Wärmeverlust pro m Rohr

$$\dot{q}_L = k_L \cdot \Delta\vartheta \qquad \text{(Gl. 7.5)}$$

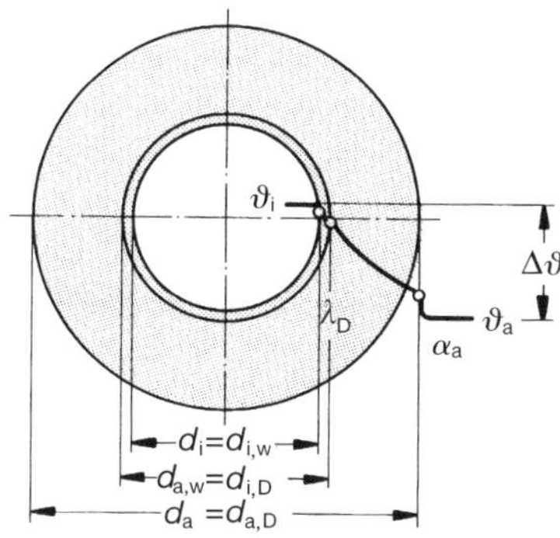


Bild 7.9
Radialer Temperaturabfall am gedämmten Rohr

mit:

$\Delta\vartheta$ Temperaturdifferenz zwischen Dampf und Umgebungstemperatur

$k_L$ auf 1 m Rohrlänge bezogener Wärmedurchgangskoeffizient

$$k_L = \frac{\pi}{\frac{1}{\alpha_i \cdot d_i} + \frac{1}{2 \cdot \lambda_W} \ln \frac{d_{a,W}}{d_{i,W}} + \frac{1}{2 \cdot \lambda_D} \ln \frac{d_{a,D}}{d_{i,D}} + \frac{1}{\alpha_a \cdot d_a}} \quad \text{(Gl. 7.6)}$$

mit

$\alpha_i$ Wärmeübergangskoeffizient auf der Dampfseite in $W/(m^2 \cdot K)$

$\lambda_W$ Wärmeleitkoeffizient der Rohrwand in $W/(m^2 \cdot K)$

$\lambda_D$ Wärmeleitkoeffizient der Dämmung bei der Mitteltemperatur der Dämmung in $W/(m^2 \cdot K)$

$\alpha_a$ Wärmeübergangskoeffizient auf der Außenseite in $W/(m^2 \cdot K)$

Üblicherweise ist der Wärmewiderstand auf der Innen- und Stahlrohrwandseite vernachlässigbar, und man erhält den für die Praxis ausreichenden Wärmeübergangskoeffizient $k_L$ zu:

$$k_L = \frac{\pi}{\frac{1}{2 \cdot \lambda_D} \ln \frac{d_{a,D}}{d_{i,D}} + \frac{1}{\alpha_a \cdot d_a}} \quad \text{(Gl. 7.7)}$$

und daraus den spezifischen Wärmeverlust:

$$\dot{q}_L = \frac{\pi \cdot \Delta\vartheta}{\frac{1}{2 \cdot \lambda_D} \ln \frac{d_{a,D}}{d_{i,D}} + \frac{1}{\alpha_a \cdot d_a}} \quad \text{(Gl. 7.8)}$$

Der Wärmeübergangskoeffizient $\alpha_a$ (Berechnung siehe [3]) setzt sich aus einem konvektiven Anteil $\alpha_{a,K}$ und einem Strahlungsanteil $\alpha_{a,Str}$ zusammen.

Fasst man diese Einflüsse zusammen, dann erhält man schließlich eine Näherungsgleichung:

$$\alpha_a = 9{,}5 + 0{,}0085 \cdot (\vartheta_{D,a} - \vartheta_a)^{1{,}33} \quad (W/(m^2 \cdot K)) \quad \text{(Gl. 7.9)}$$

Bei: $\vartheta_{D,a} - \vartheta_a = 20$ K erhält man:

$\alpha_a \approx 10\ W/(m^2 \cdot K)$

### 7.4.2 Temperaturabfall im Rohr

Den Temperaturabfall berechnet man aus den Gleichgewichtsbedingungen nach Bild 7.10:

$$d\dot{Q} = \dot{M} \cdot c_p \cdot d\vartheta \quad \text{(Gl. 7.10)}$$

$$d\dot{Q} = \dot{q}_L \cdot dl \quad \text{(Gl. 7.11)}$$

Daraus erhält man:

$$-\dot{M} \cdot c_p \cdot d\vartheta_i = \dot{q}_L \cdot dl \quad \text{(Gl. 7.12)}$$

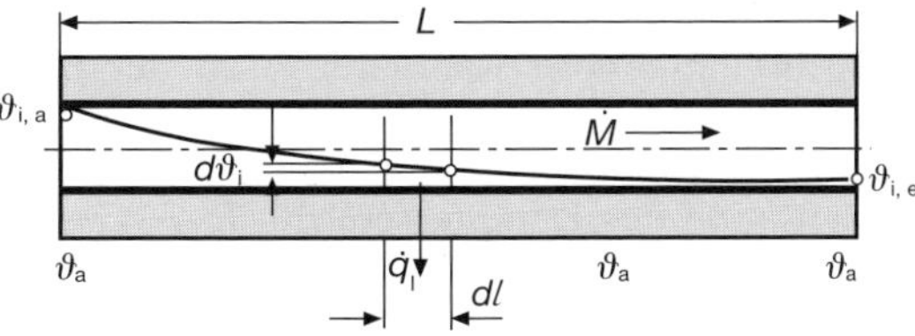


Bild 7.10
Axialer Temperaturabfall am gedämmten Rohr

$$-\mathrm{d}\vartheta_\mathrm{i} = \frac{\dot{q}_\mathrm{L} \cdot \mathrm{d}l}{\dot{M} \cdot c_\mathrm{p}} \quad \text{(Gl. 7.13)}$$

und mit Gl. 7.8

$$\frac{-\mathrm{d}\vartheta_\mathrm{i}}{\mathrm{d}\vartheta} = \frac{\mathrm{d}l}{\dot{M} \cdot c_\mathrm{p}} \cdot \frac{\pi}{\frac{1}{2 \cdot \lambda_\mathrm{D}} \ln \frac{d_\mathrm{a,D}}{d_\mathrm{i,D}} + \frac{1}{\alpha_\mathrm{a} \cdot d_\mathrm{a}}} \quad \text{(Gl. 7.14)}$$

Werden die Größen $\alpha_\mathrm{a}$, $c_\mathrm{p}$ und $\lambda_\mathrm{D}$ als konstant über die Länge angenommen, und integriert man diese Gleichung, erhält man:

$$\vartheta_\mathrm{i,e} - \vartheta_\mathrm{a} = \frac{\vartheta_\mathrm{i,a} - \vartheta_\mathrm{a}}{\exp\left(\frac{L}{\dot{M} \cdot c_\mathrm{p}} \cdot \frac{\pi}{\frac{1}{2 \cdot \lambda_\mathrm{D}} \ln \frac{d_\mathrm{a,D}}{d_\mathrm{i,D}} + \frac{1}{\alpha_\mathrm{a} \cdot d_\mathrm{a}}}\right)} \quad \text{(Gl. 7.15)}$$

Verwendet man nur kurze Rohrabschnitte, vereinfacht sich Gl. 7.13:

$$\frac{\Delta\vartheta}{\Delta L} = \frac{\dot{q}_\mathrm{L}}{\dot{M} \cdot c_\mathrm{p}} \quad \text{(Gl. 7.16)}$$

Diese Gleichung ist in Bild 7.11 dargestellt.

### 7.4.3 Kondensatanfall im Rohr

Wie bereits beschrieben, bleibt infolge der Wärmeverluste $\dot{Q}_\mathrm{L}$ nach Gl. 7.4 bei der Dampfströmung in der Rohrleitung, ab der Sattdampftemperatur, die Dampftemperatur konstant, wobei jedoch dann eine teilweise Kondensation des Dampfes eintritt. Der Wärmeverlust ist dann gleich der entsprechenden Kondensationswärme.

Der anfallende Kondensatstrom $\dot{M}_\mathrm{K}$ ergibt sich aus der Gleichgewichtsbedingung:

$$\dot{M}_\mathrm{K} \cdot \Delta h_\mathrm{V} = \dot{Q}_\mathrm{L} \quad \text{(Gl. 7.17)}$$

und daraus:

$$\dot{M}_\mathrm{K} = \frac{\dot{Q}_\mathrm{L}}{\Delta h_\mathrm{V}} \quad \text{(Gl. 7.18)}$$

mit:
$\Delta h_\mathrm{V}$ spezifische Verdampfungsenthalpie

**Beispiel**
Betrachtet man eine isolierte Dampfleitung mit einem spezifischen Wärmeverlust von $\dot{q}$ = 200 W/m², ergibt sich somit eine Kondensationsmenge von

$\dot{M}_\mathrm{K,spez} = \dot{q}/\Delta h_\mathrm{V} = 0{,}2\ \mathrm{kW \cdot m^{-2}}/2000\ \mathrm{kJ/kg}$
$= 0{,}0001\ \mathrm{kg/(s \cdot m^2)}$

Dies entspricht einer Menge von 360 g/(h · m²). Bei 100 m² Isolieroberfläche erhält man somit 36 kg/h bzw. 38 l/h.

Die betriebsmäßig immer entstehende Kondensatmenge, muss ständig aus der Rohrleitung abgeleitet werden, da ansonsten «Wasserschläge» auftreten, die die Rohre und Rohrhalterungen beanspruchen. Auch können die Rohrleitungen zu Schwingungen angeregt werden, oder es können unzulässige Geräusche entstehen.

Für die mit der Dampfströmung mitgetragenen Wassertröpfchen sollte ein Abscheider als Dampftrockner vorgesehen werden.

Dampfrohrleitungen sind in Strömungsrichtung mit Gefälle zu verlegen (Bild 7.12) und am Ende der Rohrleitung ist das Kondensat zu sammeln und über Kondensatableiter aus der Rohrleitung abzuleiten. Die Dimensionierung der Dampfleitungsentwässerung kann nach Bild 7.13 erfolgen. Die Entwässerung von Regelarmaturen und Wärmeaustauschern siehe Bild 7.14 und Bild 7.15. Einen allgemeinen Hinweis für die Dampfleitungsverlegung und Entwässerung kann man Bild 7.16 entnehmen.

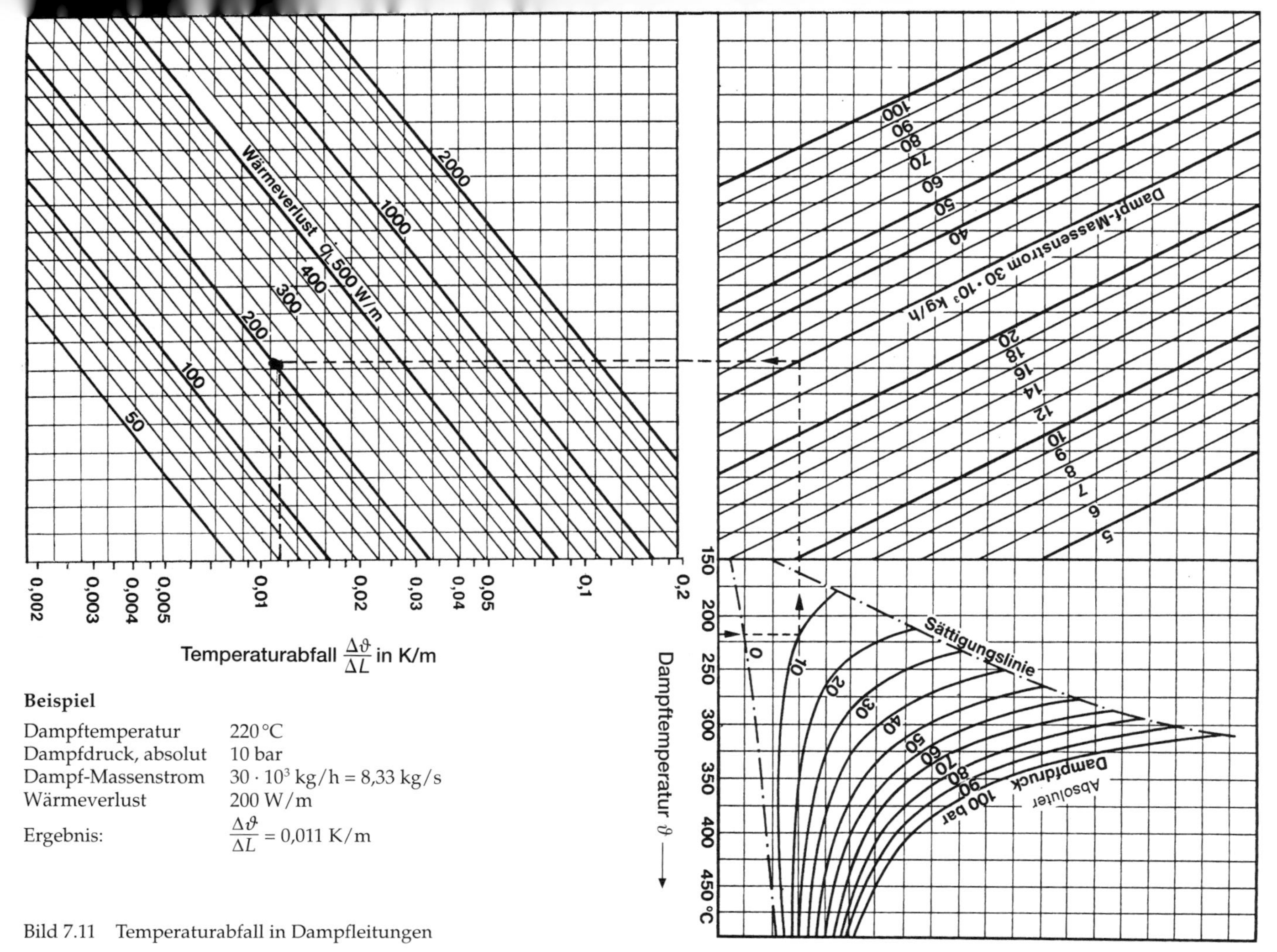


**Beispiel**

| | |
|---|---|
| Dampftemperatur | 220 °C |
| Dampfdruck, absolut | 10 bar |
| Dampf-Massenstrom | $30 \cdot 10^3$ kg/h = 8,33 kg/s |
| Wärmeverlust | 200 W/m |
| Ergebnis: | $\frac{\Delta\vartheta}{\Delta L}$ = 0,011 K/m |

Bild 7.11 Temperaturabfall in Dampfleitungen

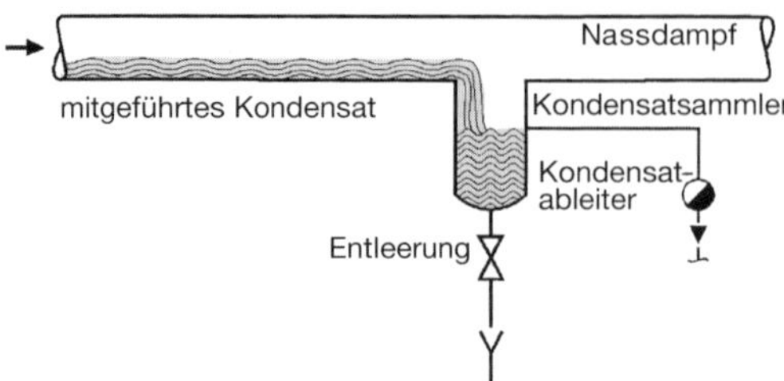


Bild 7.12 Dampfleitungsentwässerung (allgemein)

### 7.4.4 Kondensatvermeidung während des Betriebs

#### Erforderliche Dampfübertemperatur am Anfang der Leitung

Unter dem Begriff «erforderliche Übertemperatur» ist die Temperaturdifferenz zu verstehen, die am Anfang der Dampfleitung zwischen Heißdampf und Sattdampf vorhanden sein muss, um die Entstehung von Kondensat zu vermeiden.

Um diese Übertemperatur zu bestimmen, verwendet man die Näherungsgleichung (Gl. 7.16) zur Bestimmung des axialen Temperaturabfalls in Rohrleitungen.

$$\Delta\vartheta = \frac{\dot{Q}_L}{\dot{M}_D \cdot c_{P,D}} \qquad \text{(Gl. 7.19)}$$

Die notwendige Übertemperatur kann in der Praxis durch Unterbrechung der Wärmedämmung, Auflager und dgl. erheblich größer werden.

Um dies mit zu berücksichtigen, kann man bei der Berechnung des Wärmeverluststroms einen Zuschlag zur Wärmeleitfähigkeit des Dämmmaterials hinzufügen. Zusätzlich sollte in der Rohrleitungslänge ein Zuschlag enthalten sein.

Bei langen Rohrleitungen ist zur errechneten Übertemperatur noch eine Temperaturerhöhung oder eine Temperaturerniedrigung durch den Druckverlust (Drosselung) hinzuzuzählen. Die Erniedrigung oder Erhöhung kann aus dem $h$-$s$-Diagramm abgelesen werden.

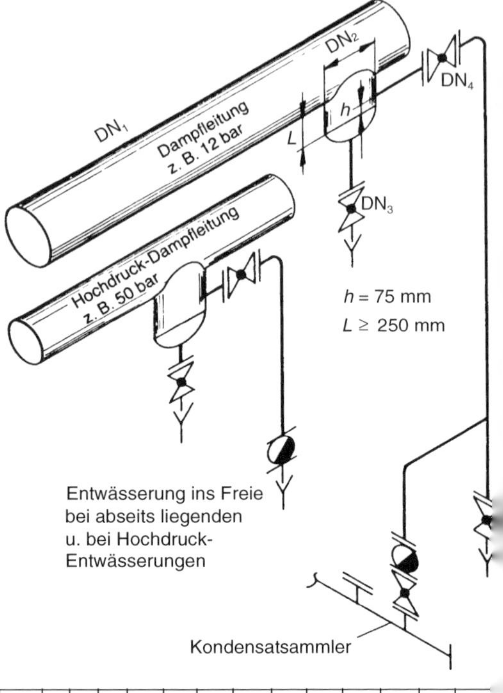


| $DN_1$ | 50 | 65 | 80 | 100 | 125 | 150 | 200 | 250 | 300 | 350 | 400 | 450 | 500 |
|---|---|---|---|---|---|---|---|---|---|---|---|---|---|
| $DN_2$ | 50 | 65 | 80 | 80 | 80 | 100 | 150 | 150 | 200 | 200 | 200 | 250 | 250 |
| $DN_3$ | 20 | 20 | 20 | 20 | 20 | 20 | 20 | 20 | 20 | 20 | 20 | 20 | 20 |
| $DN_4$ | 20 | 25 | 25 | 40 | 40 | 40 | 40 | 50 | 50 | 50 | 50 | 50 | 50 |

Entwässerungsstellen sind vor jedem nach oben ge- henden Richtungswechsel, an Tiefpunkten, am Lei- tungsende und mit Abständen von etwa 100 m im geraden Leitungsverlauf erforderlich.
Jede Entwässerungsstelle der Dampfleitung hat ei nen großen Schmutz- und Wassersack, für dessen Abmessungen die Tabelle erprobte Anhaltswerte enthält (Fa. Gestra), Der Kondensatanfall ist im Dauerbetrieb verhältnismäßig gering. Er beträg bei Sattdampf je nach Wärmedämmung etwa 10 bi 20 kg/h auf 100 m Leitungslänge. Ausschleusen de großen Anfahrmengen und Ausblasen von Schmut erfolgt über Ausblasventile direkt ins Freie.

Bild 7.13 Dampfleitungsentwässerung (Grundsätzliche Hinweise und Dimensionierung) [

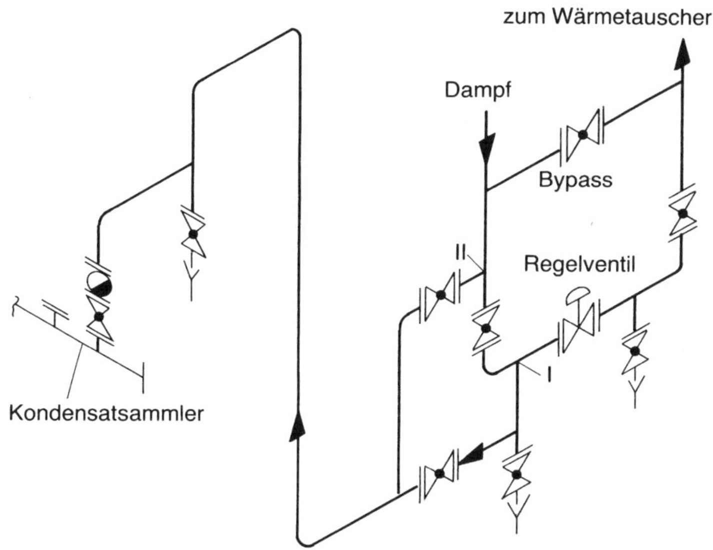


Diese Ventilgruppe für einen dampfseitig geregelten Wärmetauscher wird über Abzweigstelle I vor dem Dampfregelventil entwässert. Die Entwässerungsleitung ist über einen Kondensatableiter mit dem Sammler verbunden und hat gleichzeitig Verbindung mit der Abzweigstelle II. II ist normalerweise abgesperrt und wird als Entwässerungsstelle nur dann benutzt, wenn die Dampfzufuhr für den Wärmetauscher über den Bypass erfolgen muss (z. B. Wartungsarbeiten).

Bild 7.14 Dampfleitungsentwässerung an einer Ventilgruppe

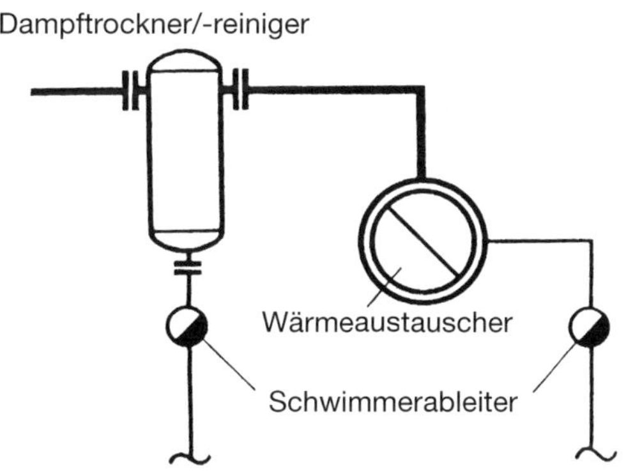


Bild 7.15
Dampftrockner vor einem Wärmeaustauscher

## Erhöhung der Übertemperatur durch Druckverluste

Herrscht in der Dampfleitung ein Druck von etwa 30 bar oder mehr, ist mit einer Erhöhung der Übertemperatur zu rechnen. Die Veranschaulichung dieses Falles ist in Bild 7.17a gegeben.

- Betrachtung von Punkt 1 nach Punkt 2: Temperaturabsenkung des Dampfes infolge des Wärmeverlustes. Diese Temperaturdifferenz wird durch Gl. 7.4 berechnet.
- Betrachtung von Punkt 2 nach Punkt 3: Temperaturabsenkung bzw. Kondensatanfall infolge Druckverlust in der Rohrleitung.

Um nun die notwendige Übertemperatur zur Vermeidung von Kondensat zu erhalten, muss die Temperaturdifferenz zwischen Punkt 1a und Punkt 2 zur errechneten Übertemperatur aus Gl. 7.19 hinzugefügt werden.

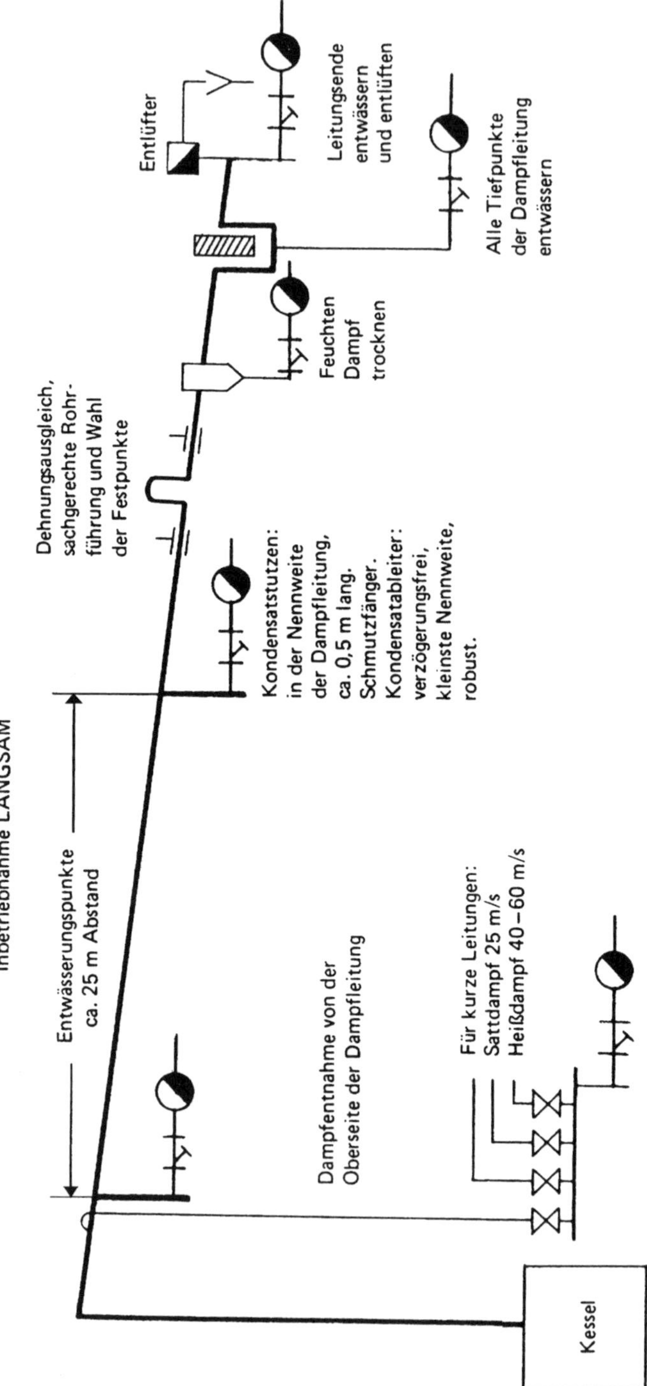


Bild 7.16 Verlegung von Dampfleitungen

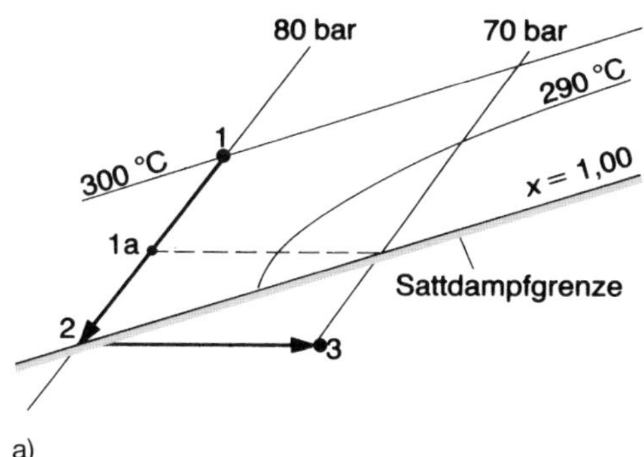


a)

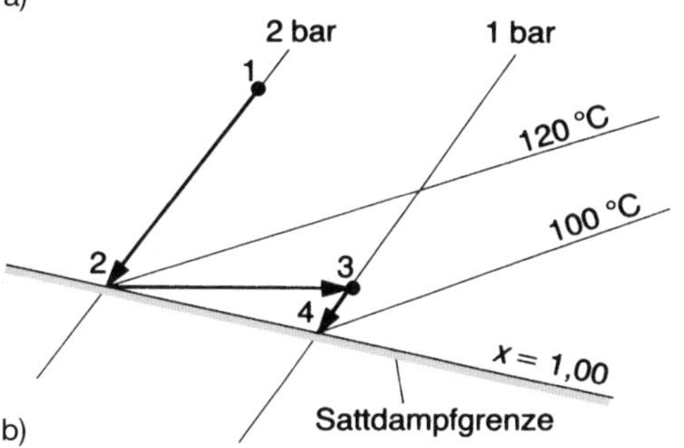


b)

a) Erhöhung der Übertemperatur infolge von Druckverlust

b) Erniedrigung der Übertemperatur infolge von Druckverlust

Bild 7.17 Wärmeverluste und Druckverlust im *h*-*s*-Diagramm (Erläuterungen siehe Text)

**Erniedrigung der Übertemperatur durch Druckverluste**

Bei Drücken etwa <35 bar hat die Wasserdampf-Sattdampf-Kurve eine negative Steigung, was zur Folge hat, dass die errechnete Übertemperatur aus Gl. 7.4 zu groß ist. Die Veranschaulichung ist in Bild 7.17b zu sehen.

- Betrachtung von Punkt 1 nach Punkt 2: Temperaturabsenkung des Dampfes infolge des Wärmeverlustes. Diese Temperaturdifferenz wird mit Gl. 7.19 errechnet.
- Betrachtung von Punkt 2 nach Punkt 3: Temperaturerhöhung infolge Druckverlust in der Rohrleitung.

Um nun die notwendige Übertemperatur zur Vermeidung von Kondensat zu erhalten, muss die Temperaturdifferenz zwischen Punkt 3 und Punkt 4 von der errechneten Übertemperatur aus Gleichung Gl. 7.19 abgezogen werden.

## 7.5 Drosselung von Wasserdampf

Bei der Drosselung von Dampf entsteht eine Ausdehnung des Dampfes ohne Arbeitsleistung, und die Energie bleibt konstant.

$$h_1 + \frac{\rho_1}{2} w_1^2 = h_2 + \frac{\rho_2}{2} w_2^2 \qquad \text{(Gl. 7.20)}$$

Werden die Geschwindigkeitsenergieänderungen vernachlässigt, gilt (Bild 7.18):

$$h_1 = h_2 \qquad \text{(Gl. 7.21)}$$

Bei vollkommenen Gasen bleibt die Temperatur somit bei der Drosselung konstant ($h = c_p \cdot dT$).

Bei realen Gasen und Wasserdampf, insbesondere in der Nähe der Sattdampflinie ($x = 1{,}0$), ist immer ein Temperaturabfall verbunden (Thomson-Joule-Effekt), wie im *h*-*s*-Diagramm aus der Neigung der Isothermen gegen die Linie $h$ = konst. erkennbar ist.

Mit der Druckreduzierung geht eine Veränderung des Dampfzustandes einher. Druck und Temperatur verändern sich beim Durchströmen des Drosselorgans. Der Drosselvorgang im Druckregler vom Vordruck auf den gewünschten Minderdruck verläuft ohne große Wärmeverluste an die Umgebung so, dass man zur Bestimmung von Temperatur und Feuchte des Dampfes hinter dem Regelventil näherungsweise annehmen kann, der Wärmeinhalt oder die Enthalpie des Dampfes bleiben konstant, d.h., der Vorgang im *h*-*s*-Diagramm verläuft längs einer Isenthalpen (Linie mit konstantem Wärmeinhalt).

**Beispiel**

Als Beispiel wird von einer Druckreduzierung von $p$ = 11 bar auf $p$ = 6 bar, bei einer Dampffeuchte von 5 Mass.-% (Dampfgehalt

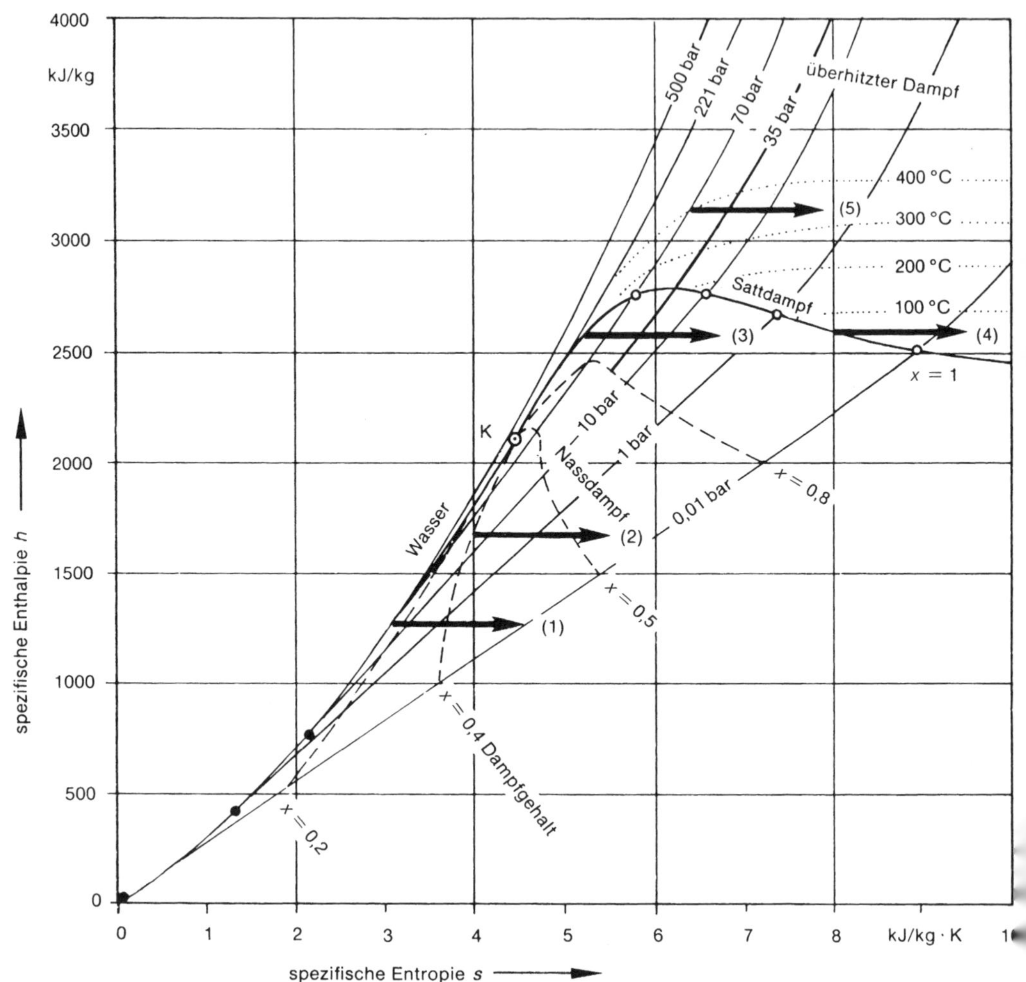


Kurve (1) Ausgangszustand heißes Wasser (Wasser an der Siedelinie)
Kurve (2) Ausgangszustand Nassdampf
Kurve (3) Ausgangszustand Sattdampf > 35 bar
Kurve (4) Ausgangszustand Nassdampf < 35 bar
Kurve (5) Ausgangszustand überhitzter Dampf

Bild 7.18 Verschiedene Möglichkeiten von Drosselvorgängen

$x$ = 0,95) vor der Druckreduzierung ausgegangen:

Im $h$-$s$-Diagramm (Bild 7.19) von Punkt A, dem Schnittpunkt der Isobaren für $p$ = 11 bar mit der Linie für konstanten Dampfgehalt $x$ = 0,95 waagerecht nach rechts, bis man die Isobare $p$ = 6 bar schneidet (Punkt B). Dort ergibt sich $x$ = 0,964. Der Feuchtigkeitsgehalt des Dampfes hat sich also um ca. 1,5 % reduziert. Eine stärkere Entspannung des Dampfes auf z. B. $p$ = 3 bar (Punkt C) würde auf $x$ = 0,98 führen, womit der Trockenheitsgrad des Dampfes zwar zunimmt, jedoch die Sattdampftemperatur noch nicht erreicht würde.

Wirklich trockenen Sattdampf würde bei diesem Beispiel erst kurz vor der vollständigen Entspannung auf den Atmosphärendruck von $p$ = 1 bar erreicht.

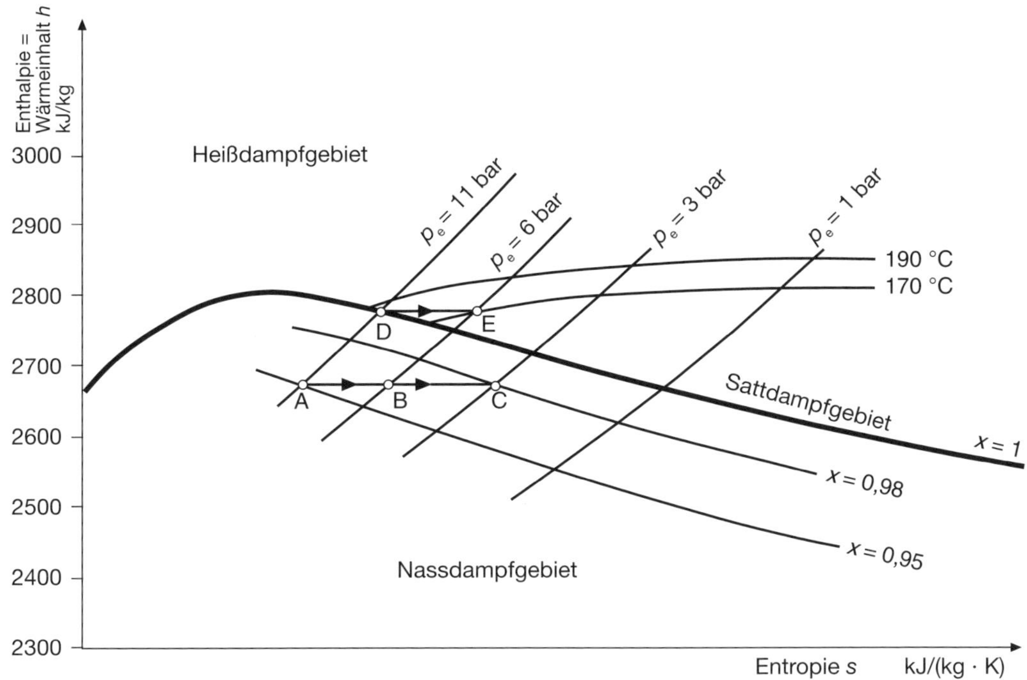


Bild 7.19 Drosselvorgang im *h-s* Diagramm (Beispiele)

> Ergänzend schaue man sich den Drosselvorgang an, ausgehend vom Sattdampfzustand bei $p$ = 11 bar (Punkt D). Die Waagerechte zur Isobaren $p$ = 6 bar läuft ein Stück ins Heißdampfgebiet (Punkt E).
>
> Ausgehend von der Sattdampftemperatur von 184 °C bei $p$ = 11 bar auf die Isotherme 170 °C, entsteht also gegenüber der Sattdampftemperatur von 159 °C bei $p$ = 6 bar eine leichte Überhitzung des Dampfes von 11 °C.

Trotz vielfältiger prozessbedingter Anforderungen ist eines bei allen Dampfdruckregelungen identisch:

- Nach dem Abstellen von Dampfsystemen verbleibt ein Teil des Dampfes im System und kondensiert. Durch die Kondensation entsteht Vakuum, wodurch Luft in die Anlage gelangt und in Verbindung mit dem Restkondensat zu Stillstandskorrosion führt.
- Wird das Dampfventil wieder geöffnet, strömt Dampf mit hoher Strömungsgeschwindigkeit über das Restkondensat, und es entstehen Dampfschläge, die zu extremen Belastungen von Anlagenteilen, Aggregaten und Armaturen führen.
- Bei mechanischen Reglern werden dadurch frühzeitig die Membranen und Entlastungsbälge zerstört.
- Es ist daher zu empfehlen, zumindest vor jedem mechanischen Druckregler oder Stellventil die Dampfleitung zu entwässern.
- Nur bei einer senkrecht angeordneten Dampfleitung mit Durchfluss von unten nach oben kann auf eine Entwässerung unmittelbar vor dem Ventil verzichtet werden.
- Führt die Dampfleitung hinter dem Ventil nach oben, so muss auch dahinter entwässert werden. Diese Aufgabe übernehmen Kondensatableiter.

## 7.6 Dampfkühlung

Im Anlagenbau wird üblicherweise gesättigter Wasserdampf als Betriebsmittel eingesetzt. Dieser Sattdampf besitzt günstige wärmetechnische Eigenschaften. Da aber aus betrieblichen Gründen oft nur überhitzter Dampf vorhanden ist, muss dieser Heißdampf mit Dampfumformer gesättigt werden.

Gesättigter Dampf von 10 bar hat eine Enthalpie von 2778 kJ/kg. Wird dieser Dampf auf 5 bar entspannt, bleibt die Enthalpie konstant. Da Sattdampf von 5 bar (Sattdampftemperatur: 151,8 °C) jedoch eine geringere Enthalpie besitzt (2749 kJ/kg), hat der entspannte Dampf eine höhere Temperatur, der Dampf ist somit überhitzt.

Die Temperaturdifferenz lässt sich als Quotient der Enthalpiedifferenz ($\Delta h$ = 29 kJ/kg) und der spezifischen Wärmekapazität des Dampfes ($c_p$ = 2,334 kJ/(kgK)) berechnen: Diese Temperaturdifferenz beträgt $\Delta\vartheta = \Delta h / c_p$ und somit 12,4 K. Der auf 5 bar entspannte Dampf hat also eine Temperatur von:

$$\vartheta_D = 151{,}8 + 12{,}4 = 164{,}2\,°C.$$

Die Aufgabe eines Dampfumformers ist nun, dem überhitzen Dampf soviel Wasser zuzuführen, dass der Dampf bei gleichbleibendem Druck den gesättigten Zustand erreicht.

#### Methoden der Dampfumformung

Die Dampfumformstation wird durch die zufließende Wassermenge und die stromabwärts gemessene Temperatur geregelt. Für die Regelung ist es wichtig, dass das Einspritzwasser schnell und effektiv in Kontakt mit dem Dampf gebracht wird. Mögliche Messabweichungen führen dazu, dass der Sättigungszustand entweder nicht erreicht wird, oder dass sich Wasser in der Dampfleitung niederschlägt. Beide Zustände haben eine Ineffizienz des Dampfsystems zur Folge. In der Praxis wird der Sollwert der einzuregelnden Temperatur höher eingestellt als die Sattdampftemperatur (z. B. 5 K).

Die optimalen Bedingungen für Wärme- und Stoffaustausch werden von einem Dampfumformer durch Zerstäuben von Wasser erzeugt. Je kürzer der für die Kühlung benötigte Weg und je näher die Sattdampftemperatur erreicht wird, desto wirkungsvoller ist der Dampfumformer.

#### Dampfkühler mittels Einspritzwasser

Der mechanische Dampfkühler ist der einfachste Dampfumformer. Er wird in der Regel dort eingesetzt, wo der Lastbereich relativ konstant und eine Annäherung von ca. 10 K zur Sättigungstemperatur ausreichend ist. Bei mechanischer Dampfkühlung ist zwischen der Einspritzstelle und dem Messpunkt ein Abstand von mehr als 10 m notwendig. Der Abstand sowie die Eigenschaften des Reglers und Kühlwasserventils bestimmen die Reaktionszeit des Systems.

Einfache Dampfkühler (Bild 7.20) arbeiten mit einem zusätzlichen Kühlwasserventil, das entsprechend der gemessenen Temperatur die Kühlwassermenge regelt. Das Kühlwasser gelangt durch den Körper des Dampfkühlers zur Düse, wo es in die Dampfleitung hinein zerstäubt wird.

Damit dieses System seine Funktion erfüllt, sind hohe Geschwindigkeiten in der Düse und in der Dampfleitung erforderlich. Die Düse eines solchen Dampfkühlers wird üblicherweise für eine bestimmte Kühlwassermenge ausgelegt. Beim Einbau des Dampfkühlers wird die Düse an der Rohrmittellinie in Fließrichtung positioniert.

Um mechanische Schäden durch Schwingungen zu vermeiden, empfiehlt es sich, einen Dampfkühler mit einem angepassten Querschnittprofil einzusetzen.

Weitere Dampfkühlsysteme sind:

- ❑ Dampfkühler mit Treibdampf und
- ❑ Wasserbadkühler (Bild 7.21).

## 7.7 Inertgase im Dampf

Durch die Anwesenheit von nicht kondensierbaren Gasen im Dampf, verringert sich der Wasserdampf-Partialdruck und somit die Dampftemperatur. Obwohl das Manometer den vollen Druck anzeigt, ist die Temperatur niedriger als die zum angezeigten Druck gehörende Sattdampftemperatur.

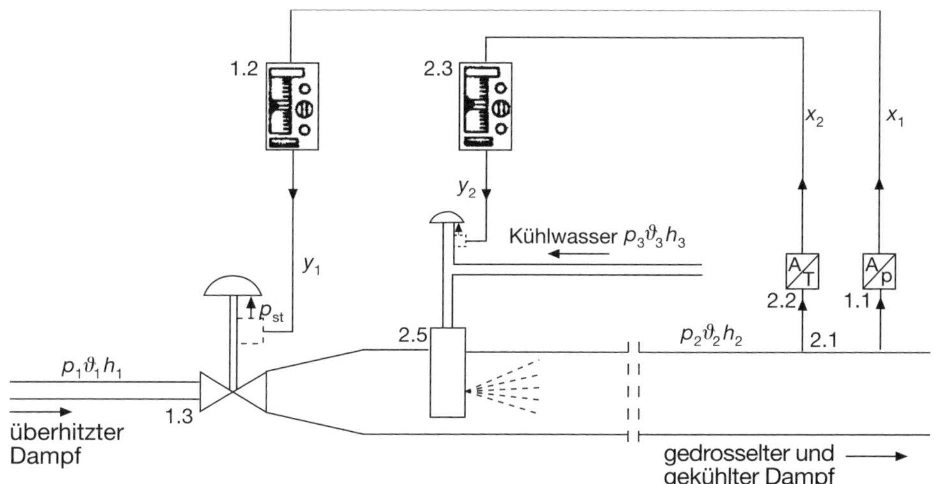


1 Druckregelung, 1.1 pneumatischer Messumformer für Druck, 1.2 pneumatischer Kompaktregler, 1.3 pneumatisches Stellgerät für die Druckreduzierung, 2 Temperaturregelung, 2.1 elektrischer Temperaturfühler mit Pt 100, 2.22 pneumatischer Messumformer, 2.3 pneumatischer Kompaktregler, 2.4 pneumatisches Stellgerät für Kühlwasser, 2.5 Düsenstock mit Druckzerstäuberdüsen

Bild 7.20 Dampfdruckreduzier- und Kühlstation mit Druckzerstäuberdüse

Sattdampf
PC
PI
PI
TI
LC
LC
Heißdampf
PI
Überlauf
Kühlwasserzulauf ohne Speisepumpe wenn Kühlwasserdruck vorhanden
Kühlwasserzulauf mit Speisepumpe

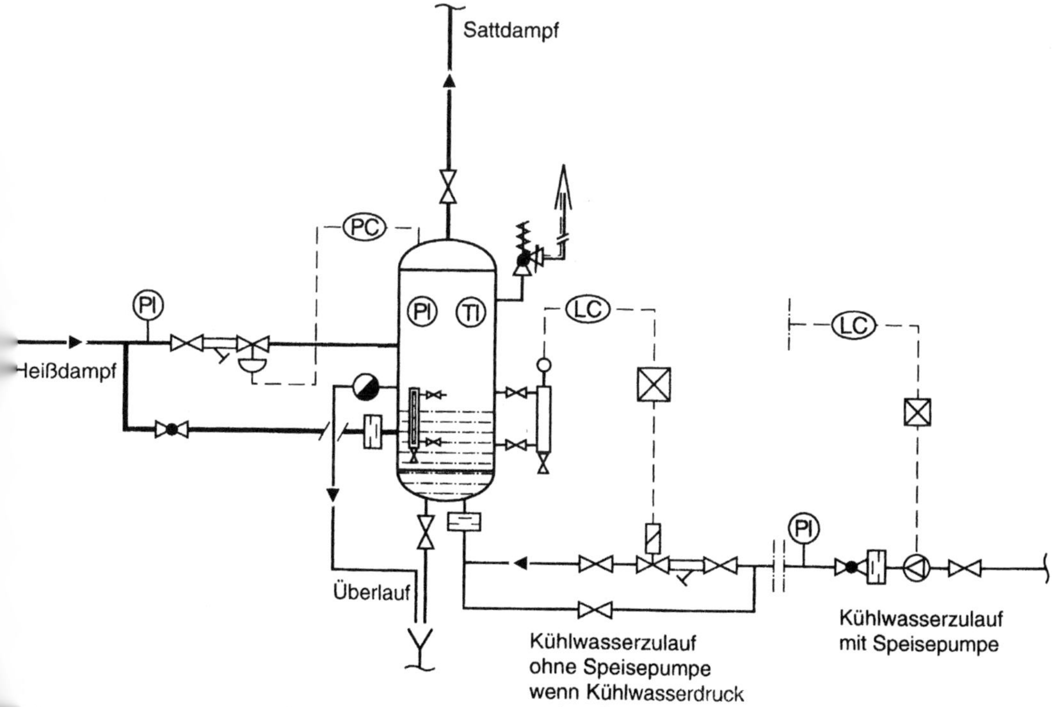

Bild 7.21 Schema einer Heißdampfkühlanlage

Damit verringert sich z. B. die mittlere Temperaturdifferenz zwischen Wasserdampf und Produkt und es wird weniger Wärme übertragen. Aufgrund dieses Temperaturabfalls ist es aber möglich, in Abhängigkeit von Druck und Temperatur automatisch zu entgasen.

$p_M = p_D + p_G$

mit:

$p_M$ Gesamtdruck
$p_D$ Dampfpartialdruck
$p_G$ Inertgaspartialdruck

Wenn keine Inertgase vorhanden sind, gilt: $p_M = p_D$.

Bei einem absoluten Druck von 6 bar beträgt die Dampftemperatur dann 158,8 °C.

Befinden sich aber z. B. 10 Mass.-% Luft im Dampf, so setzen sich die Druckanteile wie folgt zusammen:

$p_M = 0{,}9 \cdot 6 + 0{,}1 \cdot 6 = 5{,}4 \text{ bar} + 0{,}6 \text{ bar}$

Zum Dampfpartialdruck von 5,4 bar gehört jedoch nur eine Sattdampftemperatur von 155 °C. Den Zusammenhang zwischen Gesamtdruck, Luftanteil und Temperatur zeigt Bild 7.22.

**Beispiel**

Gemessen wurde an der Anlage der absolute Druck von 11 bar und eine Temperatur von 180 °C. Demnach befinden sich in der Anlage ein Gemisch aus 90 % Wasserdampf und 10 % Luft. Bei gleichem Gesamtdruck, aber nur 170 °C, beträgt der Luftanteil bereits ca. 35 %.

Aus der Messung von Druck und Temperatur lässt sich erkennen, dass bei gleichem Gesamtdruck die Luftkonzentration an der kältesten Stelle am höchsten ist. Diese Gegebenheit sollte bei der Anordnung der Entlüftungsvorrichtungen berücksichtigt werden.

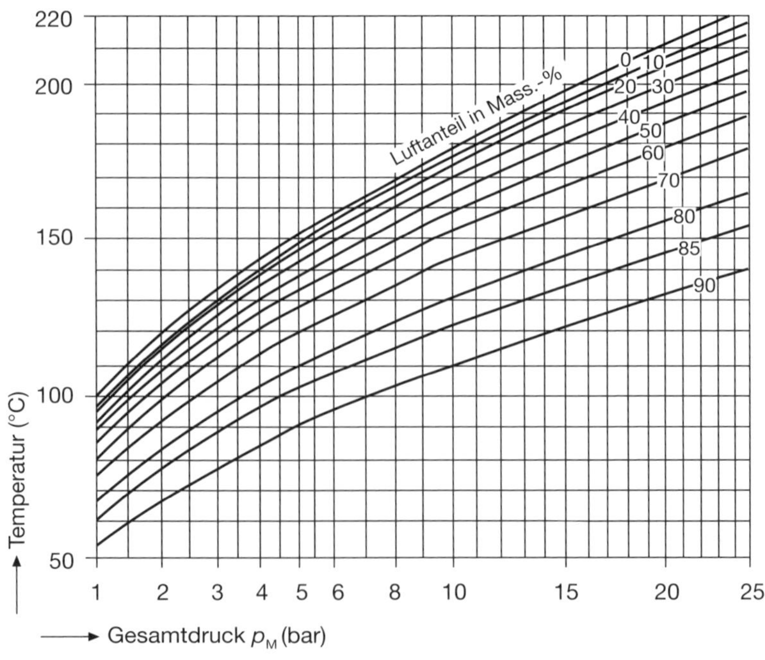


Bild 7.22 Dampftemperatur in Abhängigkeit vom Luftanteil

# 8 Kondensatsystem

## 8.1 Allgemeines

Für die Beheizung von Prozessen sollte Sattdampf zur Anwendung kommen. Sattdampf gibt im Wärmeaustauscher seine Verdampfungswärme (= Kondensationswärme) an das aufzuheizende Fluid ab und kondensiert. Das entstandene Kondensat ist unverzüglich abzuleiten, wenn die volle Heizleistung erhalten bleiben soll. Ein Kondensatstau in der Heizfläche führt unweigerlich zu einer Verminderung der Leistung, da in diesem Abschnitt der Heizfläche nur mit dem Wärmeübergangskoeffizient von Wasser gerechnet werden kann und dieser geringer ist als der von kondensierendem Dampf.

Mit jeder Wärmeabgabe $Q$ aus dem Sattdampf entsteht Kondensat (Wasser) $\dot{M}_K$ gemäß:

$$\dot{M}_K = \frac{\dot{Q}}{\Delta h_V} \qquad \text{(Gl. 8.1)}$$

Dieser Kondensatstrom muss abgeführt werden, da ansonsten die Wärmeaustauscherfläche durch das Kondensat als Kühlfläche nicht zur Verfügung steht. Lediglich bei der Kondensatanstauregelung wird dieser Effekt der «Kondensator-Heizflächenverkleinerung» zur Regelung der kondensierenden Dampfmenge benutzt. Möglichst alles Kondensat wird gesammelt und zum Dampferzeuger zurückgeführt.

Besonders wirtschaftliche Lösungen ergeben sich, wenn Kondensat aus höheren Druckstufen in ein Niederdrucksystem eingespeist wird, was die Nachverdampfung ausnutzt. Am Ende der Kondensatsammelleitung läuft das Kondensat durch Schwerkraft in den belüfteten Kondensatspeisewasserbehälter, sodass das Kondensatnetz bei Außerbetriebnahme leer läuft. Vom Kesselspeisewasserbehälter wird das Kondensat mittels der Speisewasserpumpe wieder in den Dampferzeuger gedrückt.

Die Abströmmenge aus dem Kondensatableiter entspricht folgender Überlegung, wobei als Beispiel der meistverwendete Kondensatableitertyp, der Kugelschwimmer, zugrunde gelegt werden soll:

Das Kondensat wird im Kondensatableiter angesammelt bei einem Druck $p_1$. Bei maximalem Kondensatanfall wird der Schwimmer soweit angehoben, bis die Verschluss-Tellerhöhe $H$ etwa gleich der Fläche der Ableitbohrung $d_0$ ist:

$$d_0^2 = \frac{\pi}{4} = H \cdot d_0 \cdot \pi$$

$$H = \frac{d_0}{4}$$

Bei reiner Wasserströmung würde sich gemäß der Bernoulli-Gleichung ein Volumenstrom ergeben von:

$$\dot{V}_W = \alpha \cdot \frac{d_0^2 \cdot \pi}{4} \cdot \sqrt{\frac{2 \cdot (p_1 - p_2)}{\varrho}} \qquad \text{(Gl. 8.2)}$$

mit:

$\alpha$ die aus Versuchen zu ermittelnde Ausflusszahl ($\alpha \approx 0{,}6$).

Jedoch ist beim Schwimmerableiter an der Öffnung $d_0$ folgende physikalische Gegebenheit zu beachten:

- Das Kondensat steht unter Druck $p_1$ und bei maximal Sättigungstemperatur an (das Kondensat kann auch unterkühlt sein). Hinter dem Sitzdurchmesser steht der Druck $p_2$ des Kondensatableitsystems an.
- Da am Kondensatableiter keine Wärmeenergie abgeführt oder hinzugefügt wird

(adiabatisch), erfolgt die Ableitung bei konstanter Enthalpie ($h_1 = h_2$)!

- Da jedoch die Enthalpie $h_2'$ des flüssigen Kondensates beim Druck $p_2$ niedriger ist als die Enthalpie $h_1'$ im Kondensatableiter, erfolgt mit der Enthalpiedifferenz $h_1' - h_2'$ eine Nachverdampfung des Kondensats beim Nachdruck $p_2$ im Sitzdurchmesser $d_0$.

$$\dot{M}_{K,1} \cdot h_1 = \dot{M}_{K,2} \cdot h_2' + \dot{M}_{D,2} \cdot h_2''$$

$$\dot{M}_{D,2} = \frac{\dot{M}_{K,1} \cdot h_1 - \dot{M}_{K,2} \cdot h_2}{h_2''}$$

$$(\dot{M}_{K,2} = \dot{M}_{K,1} - \dot{M}_{D,2})$$

$$\dot{M}_{D,2} \cdot h_2'' = \dot{M}_{K,1} \cdot h_1 - \dot{M}_{K,1} \cdot h_2' + \dot{M}_{D,2} \cdot h_2''$$

$$\dot{M}_{D,2} \cdot h_2'' - \dot{M}_{D,2} \cdot h_2' = \dot{M}_{K,1} \cdot (h_1 - h_2')$$

$$\dot{M}_{D,2} = \frac{\dot{M}_{K,1} \cdot (h_1 - h_2')}{h_2'' - h_2'}$$

$$\dot{M}_{D,2} = \dot{M}_{K,1} \cdot \frac{h_1 - h_2'}{h_2'' - h_2'} \qquad \text{(Gl. 8.3)}$$

Das Enthalpieverhältnis wird auch genannt: **Verdampfungsziffer $n_V$**

$$n_V = \frac{h_1 - h_2'}{\Delta h_{V,2}}$$

mit:

$h_1$ Enthalpie des angestauten Kondensates, die im maximalen Falle $h_1 = h_1'$ und bei Unterkühlung $h_1$ ist.

Der Entspannungsdampf entsteht unmittelbar in der Armatur und wird am Austritt sichtbar. Selbst bei richtiger Arbeitsweise eines Kondensatableiters wird es daher, je nach Druckverhältnis und Mengenstrom, mehr oder weniger «dampfen». Das hat nichts mit einem undichten oder defekten Kondensatableiter zu tun.

Zu beachten ist nun, dass selbst bei kleiner Verdampfungsziffer das Volumen des Dampfes sehr groß ist, da die Dichte von Dampf im Kondensatnetz ca. $\varrho_2'' \approx 1\ \text{kg/m}^3$ beträgt und das Kondensat eine Dichte von ca. $\varrho_2' \approx 1000\ \text{kg/m}^3$ hat.

Aus diesem Grund sind die Kondensatleitungen fast immer primär auf die anfallende Nachverdampfungsmenge $\dot{M}_{D,2}$ auszulegen (Bild 8.1).

**Beispiel**

| | |
|---|---|
| Druck vor dem Ableiter | 5 bar |
| Druck hinter dem Ableiter | 1 bar |

Das Kondensat läuft ohne Unterkühlung ab ($x = 0$).

Gemäß der Wasserdampftabelle 4.3 entnimmt man folgende Werte:

$h'_{5\,\text{bar}} = 640{,}12\ \text{kJ/kg}$

$h'_{1\,\text{bar}} = 417{,}51\ \text{kJ/kg}$

$\Delta h_{V,1\,\text{bar}} = 2257{,}90\ \text{kJ/kg}$

Zur Nachverdampfung stehen somit zur Verfügung:

$$h'_{5\,\text{bar}} - h'_{1\,\text{bar}} = 640{,}12 - 417{,}51 = 222{,}61\ \text{kJ/kg}$$

Damit werden:

$$m_{D,\%} = \frac{h'_{5\,\text{bar}} - h'_{1\,\text{bar}}}{\Delta h_{V,1\,\text{bar}}} \cdot 100 = \frac{222{,}61}{2257{,}9} \cdot 100 = 9{,}86\,\%$$

des anstehenden Kondensats in Dampf umgewandelt und 91,14 % fließen als Heißwasser mit einer Temperatur von 100 °C (1 bar) ab.

Von 1 kg Dampf gehen also 0,0986 kg wieder verloren, sofern hinter dem Ableiter nicht eine Wärmerückgewinnung erfolgt.

Die spezifischen Volumenanteile betragen jedoch in der Kondensatleitung:

$v' = 0{,}0010434\ \text{m}^3/\text{kg}$

$v'' = 1{,}694\ \text{m}^3/\text{kg}$

Das mittlere spezifische Volumen im Kondensatnetz ist dann:

$$v_K = v' \cdot (1 - m_D) + v'' \cdot m_D = v' \cdot 0{,}9014 + v'' \cdot 0{,}0986 = 0{,}168\ \text{m}^3/\text{kg}$$

Damit erreicht die Nachverdampfung von 9,86 % einen Volumenanteil im Kondensatnetz von 99,4 %.

Dies ist auch der Grund, dass Kondensatleitungen aus Sicherheitsgründen wie «Dampfleitungen» strömungstechnisch berechnet werden.

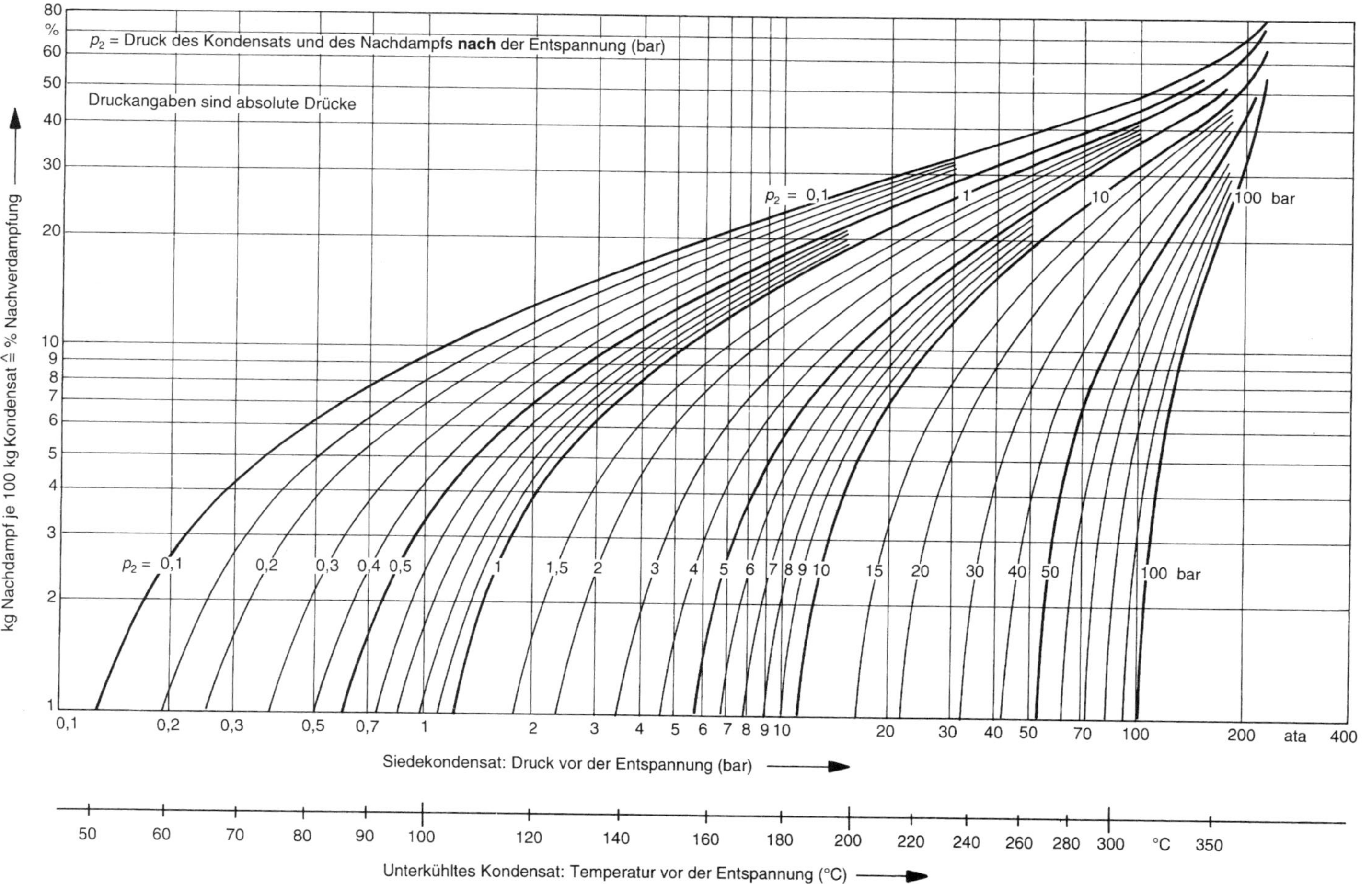


Bild 8.1 Nachverdampfung bei der Entspannung von Wasserdampfkondensat

Der Nachverdampfungsanteil bildet sich unmittelbar im Ableitdurchmesser $d_0$ und muss auch bei der Größenbestimmung des Schwimmerkondensatableiters berücksichtigt werden, analog zur Bestimmung von Sicherheitsventilen bei Ausströmung von siedendem Heißwasser [5].

## 8.2 Ableitsysteme

Um ein funktionierendes Kondensatsystem aufzubauen, ist es empfehlenswert, die technisch ideale Lösung zu betrachten, wie sie bei der Kondensatabfuhr aus einem Turbinenkondensator gegeben ist (Bild 8.2).

Unterhalb der Kühlflächen ist ein Kondensatraum, das **Hot-Well,** angeordnet, in der das Kondensat mit natürlichem Gefälle fließt. Ein Niveauregler hält hier in Zusammenwirken mit der Kondensatpumpe den Wasserspiegel auf konstanter Höhe. Obere und untere Grenzmelder sorgen dafür, dass weder die Kühlflächen geflutet werden noch Dampf in die Pumpenansaugleitung gelangt.

Die Kondensatpumpe sorgt für eine eindeutige Rückleitung des Kondensates, Wasserstrahlpumpen führen nicht kondensierbare Gase ab, die in den Kondensator eingedrungen sind und den Wärmeübergang behindern. Darüber hinaus ist das Kondensat, wie es energetisch wünschenswert ist, nicht oder kaum unterkühlt. Die Qualität des Kondensats wird überwacht, i. A. durch Messung der elektrischen Leitfähigkeit.

**Ein Betriebskondensatsystem kann in folgende Abschnitte aufgeteilt werden:**

1. Kondensatabführung von den Heizflächen in das Sammelsystem,
2. Das Sammelsystem und die Zurückführung des Kondensats zur Aufbereitung und Weiterverwendung.
3. Die Kondensataufbereitung (siehe Abschnitt 8.3).

### 8.2.1 Kondensatabführung

Das Kondensat sollte möglichst verzögerungsfrei von den Heizflächen abgeführt werden. Die treibende Kraft ist nur der Dampfdruck und die geodätische Höhe des Kondensats. Der Einfluss der geodätischen Zulauf-

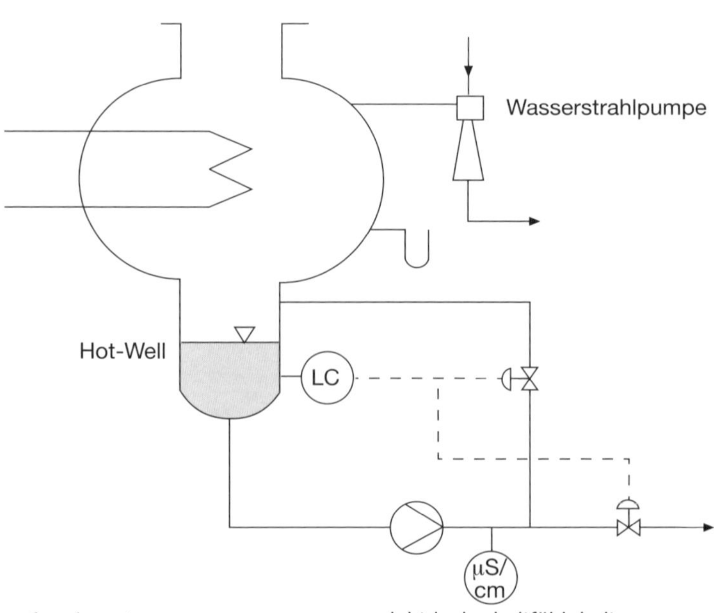


Bild 8.2 Turbinenkondensator

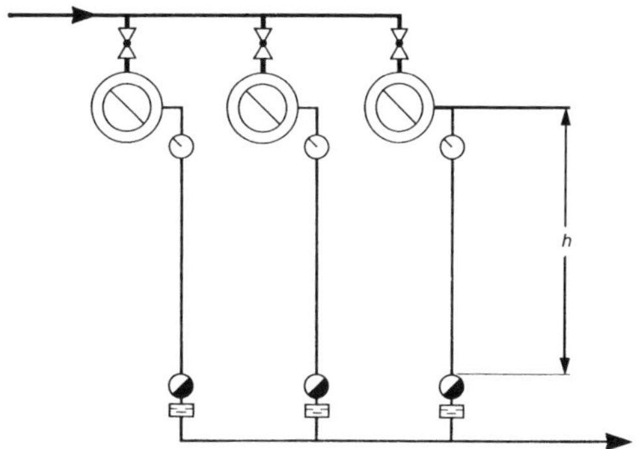


Auch bei sehr kleinen Drücken in den Wärmetauschern ist die Entwässerung über Kondensatableiter hier einwandfrei möglich: Aus der Zulaufhöhe ergibt sich für die Kondensatableiter ein zusätzlicher Differenzdruck.

Bild 8.3 Einfluss der geodätischen Zulaufhöhe auf die Auslegung von Kondensatableiter

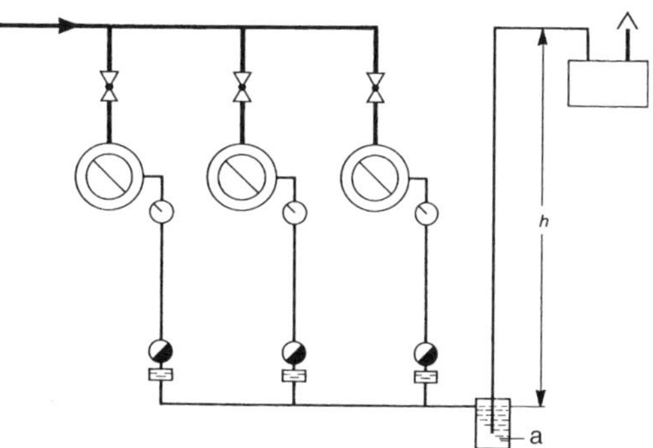


Wird das Kondensat hinter einem Kondensatableiter gehoben, dann verringert sich der Differenzdruck (Arbeitsdruck) praktisch um 1 bar je 7 m Förderhöhe.
Die geräuscharme und schlagfreie Kondensat-Weiterleitung in Steigeleitungen macht den Einbau eines Kondensat-Kompensators (a) erforderlich.

Bild 8.4 Einfluss der geodätischen Förderhöhe auf die Auslegung von Kondensatableiter

höhe und der geodätischen Förderhöhe sind aus den Bildern 8.3 und 8.4 zu entnehmen.

Entsprechend dem Hot-Well des Turbinenkondensators sollte bei einem Dampfwärmeverbraucher unterhalb der wirksamen Heizfläche ein Kondensatraum vorhanden sein, in den das Kondensat unter gleichzeitiger Dampfabscheidung, d.h. unter Vermeidung von Dampfeinschlüssen frei abfließen kann. Letzteres ist besonders dann wichtig, wenn das Kondensat anschließend durch eine Steigleitung nach oben geführt wird (was nach Möglichkeit zu vermeiden ist).

Nun muss das Kondensat aus dem Kondensatraum in das Sammelsystem geführt werden, eine Funktion, die im Falle des Turbinenkondensators Niveauregler und Regelventil übernehmen. Diese Ausrüstung ist technisch eine elegante Lösung, jedoch entsprechend kostenintensiv.

Für die Kondensatableitung aus dem Anlagenbau tritt anstelle dieser aufwendigen Konstruktion der sog. Kondensatableiter. Auch dieser hat die Funktion, Kondensat abzuleiten und den Durchbruch von Frischdampf zu verhindern. Darüber hinaus soll er sich an veränderliche Betriebsverhältnisse anpassen, d.h., seine Aufgabe bei veränderlichem Dampfvordruck, Gegendruck und unterschiedlich anfallender Kondensatmenge erfüllen, mechanisch robust, wartungsfrei und preiswert sein. In Bild 8.5 ist ein Dampfeinspeisesystem mit druckmäßig abgestuftes Kondensatnetz dargestellt.

## 8.3 Kondensatableiter

Anforderungen an Kondensatableiter:

- staufreie Entwässerung,
- Entwässerung ohne Dampfverluste,
- Anpassung an veränderte Betriebsbedingungen,
- klein in den Abmessungen,
- Entlüftung des Wärmeaustauschers.

Neben dem Kondensat sind zusätzlich auch die nicht kondensierbaren Gase, wie z.B. Luft aus der Heizfläche, abzuleiten. Dies kann üblicherweise mit den Kondensatableitern erfolgen. Es ist somit das hierfür am geeigneteste Ableiterprinzip auszuwählen.

Das Ausschleusen von Luft und Inertgasen ist nur mit thermischen Ableitern und mit

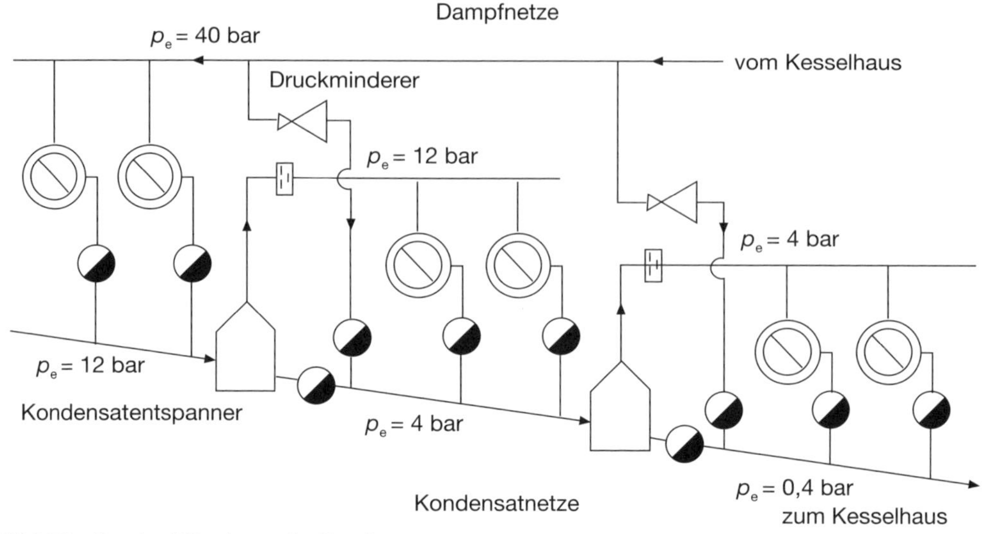


Bild 8.5 Druckmäßig abgestufte Kondensatnetze

Kugelschwimmerableitern mit zusätzlicher thermischer Entlüftung möglich.

**Kondensatableiterüberwachung**

Zur Überwachung der einwandfreien Funktionsweise von Kondensatableitern, vor allem wenn nicht ins Freie entwässert wird, dienen Kontrollschaugläser. Sie bestehen aus einem Gehäuse mit Trennnase und doppelseitigen Schaugläsern, durch die man die Strömung des Kondensats bzw. des Dampfs beobachten kann. Die 3 Zustände an einem Kondensatableiter, 1. funktionsfähig, 2. Dampfdurchschlag und 3. Kondensatstau, lassen sich hier gut beobachten.

Der Einbau sollte immer in Fließrichtung **vor** dem Kondensatableiter erfolgen, um Täuschungen durch die Nachverdampfung hinter dem Kondensatableiter zu vermeiden (Bild 8.6).

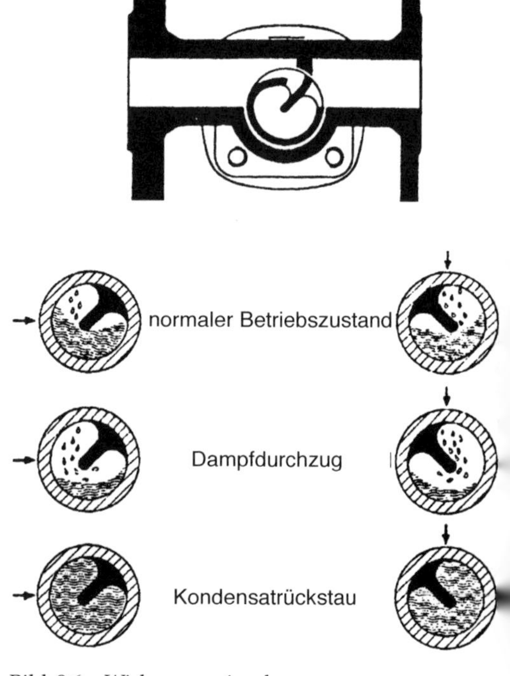


Bild 8.6 Wirkungsweise des Kondensatschaugeräts

### 8.3.1 Bauarten von Kondensatableitern

#### 8.3.1.1 Schwimmerkondensatableiter

Der Schwimmerkondensatableiter (Bild 8.7) besteht im Wesentlichen aus einem Gehäuse

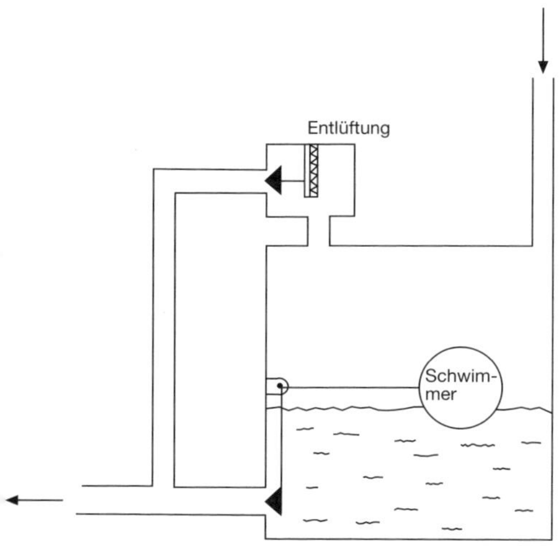


Bild 8.7 Schwimmer-Kondensatableiter

mit einem Dampf- bzw. Kondensateinlass, in dem sich ein Schwimmerkörper befindet (Hohlkugel, Tauchglocke usw.), der entsprechend dem Kondensatspiegel die Austrittsöffnung durch ein Ventil oder einen Schieber mehr oder weniger freigibt.

Das Prinzip ist dem der Kondensatableitung in einem Turbinenkondensator am ähnlichsten, das anfallende Kondensat steuert das abzuleitende Kondensat. Der Vorteil dieses Systems ist die verzögerungsfreie Abführung des Kondensats.

Frischdampf kann nicht in das Kondensatsammelsystem gelangen. Die Schmutzempfindlichkeit ist gering, Schwankungen in den Betriebsbedingungen werden gut verarbeitet. Eine Entlüftung ist ohne weiteres nicht möglich. Das muss entweder von Hand erfolgen, d. h., ein Entlüftungsventil muss geöffnet werden. Es gibt jedoch auch automatische Entlüftungen in denen das Bi-Metall-Prinzip benutzt wird (die Luft muss kälter sein, um abgeführt zu werden).

Nachteilig ist ferner, dass die Funktion des Schwimmerableiters durch Erschütterungen und Wasserschlag leicht beschädigt werden kann. Ebenfalls besteht Einfriergefahr.

#### 8.3.1.2 Thermische Ableiter

Der thermische Ableiter (Bild 8.8) besitzt in seinem Gehäuse einen Ausdehnungskörper (normalerweise ein Bimetallpaket), der bei Temperaturerniedrigung den Kondensatauslass öffnet und ihn bei Temperaturerhöhung schließt. Dies bedeutet, dass das Kondensat unterkühlt sein muss. Die Durchsatzleistung ist umso größer, je unterkühlter das Kondensat ist. Da Sattdampf- und Kondensattemperatur vom Dampfdruck abhängig sind, ist der Einsatz eines individuell eingestellten Ableiters vom Prinzip her nur auf einen sehr engen Druckbereich beschränkt. Es sind also zunächst keine guten Voraussetzungen gegeben, um das Kondensat ähnlich ideal wie beim Turbinenkondensator abzuführen. Das Bestreben der Auslegung geht somit dahin:

- ❑ die zum Öffnen notwendige Unterkühlung so klein wie möglich zu machen und gleichzeitig die zum Schließen notwendige Temperatur nahe an die Sattdampftemperatur zu legen,
- ❑ den Ableiter für einen größeren Dampfdruckbereich geeignet zu machen.

Dies wird erreicht dadurch, dass Öffnungs- und Schließpunkte nicht nur durch die Temperatur, sondern auch durch die Druckkräfte des Dampfes bestimmt werden.

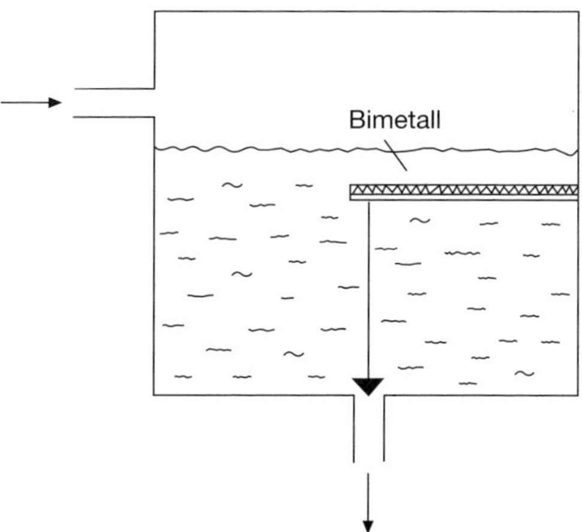


Bild 8.8 Thermischer Kondensatableiter

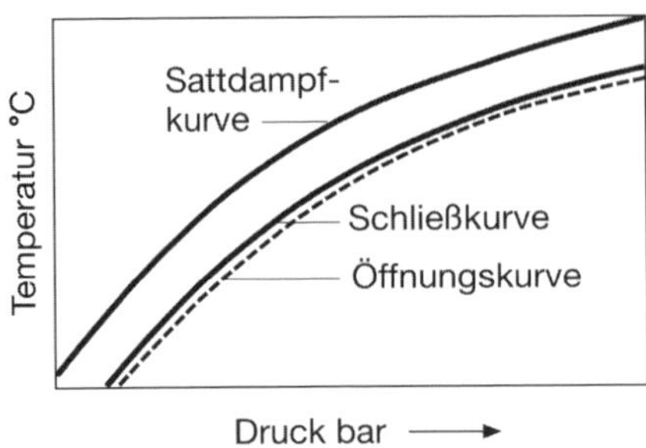


Bild 8.9 Kennlinie eines Bimetallableiters

Der Vorteil des thermischen Ableiters liegt in seinen mechanischen Eigenschaften. Der Ableiter ist klein, unempfindlich gegenüber Erschütterungen, einfriersicher, er ist in der Anschaffung relativ preiswert, der Wartungsaufwand ist gering und er entlüftet selbsttätig. Diese Ableiter sind für den rauen Betrieb geeignet. Sie werden hauptsächlich für die Entwässerung von Begleitheizungen und Dampfleitungen eingesetzt. Diese Ableiter, auch Duostahlableiter genannt, verwenden zur Steuerung Bimetalle. Kondensat wird mit Unterkühlung von ca. 10…20 K abgeleitet (Bild 8.9).

Es empfiehlt sich, den thermischen Ableiter sowohl mit einem Schmutzfänger als auch mit einer Warneinrichtung für Dampfdurchbrüche auszurüsten. Diese Warneinrichtung beruht z.B. auf dem Prinzip, dass bei Frischdampfdurchbruch die Temperatur ansteigt. Dadurch wird eine Berstpatrone zum Platzen gebracht und eine Hülse schießt heraus. Bei einem Kontrollgang kann die an einem Fangdraht hängende Hülse leicht erkannt werden. Die Unterkühlung selbst erleichtert, wegen der geringen Nachverdampfung, die Kondensatabfuhr im Sammelsystem.

### 8.3.1.3 Thermodynamische Ableiter

Kernstück dieses Ableiters ist eine freibewegliche Scheibe im Gehäuse über dem Kondensatzufuhr- und -abfuhrkanal (Bild 8.10). Kommt Kondensat in den Ableiter, hebt sich die Scheibe und gibt damit beide Kanäle frei, kommt jedoch Dampf, strömt dieser mit einer hohen Geschwindigkeit unter der Scheibe entlang, sodass ein Unterdruck gegenüber dem Druck über der Scheibe aufgebaut wird, der die Scheibe auf die Zu- und Ableitkanäle drückt und sie verschließt.

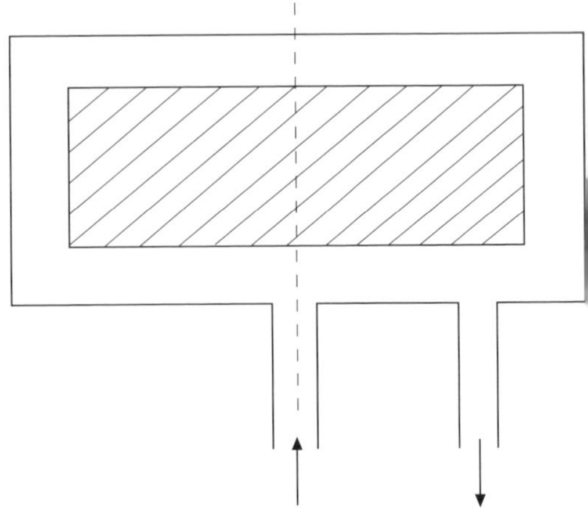

Bild 8.10 Thermodynamischer Kondensatableiter

Bei Kondensatanfall wird die Scheibe mittels Impulskraft aufgedrückt, und das Kondensat fließt ab bis wieder Dampf kommt.

Luft und nicht kondensierbare Gase können den Arbeitszyklus stören, wenn sie im Dampfraum über der Scheibe sind, da diese nicht kondensieren. Die Inertgase werden i. A. durch eine kleine, beabsichtigte Oberflächenrauigkeit oder eine Nut zum Abfluss hin abgeführt.

Da die Strömungsgeschwindigkeit, die die Absenkung des statischen Druckes unter der Platte und damit das Schließen bewirkt, vom Druckgefälle abhängig ist, darf der Gegendruck nicht zu hoch sein. Bei Gegendrücken von bis zu ca. 40 % gibt es jedoch keine Schwierigkeiten.

Mit fortschreitender Lebensdauer steigt die Leckrate des thermodynamischen Ableiters an, die Häufigkeit des Arbeitszyklus steigt und damit auch der Verschleiß. Bei Ableitern, die das Kondensat ins Freie lassen, ist dieser erhöhte Öffnungs- und Schließzyklus nicht zu überhören noch zu übersehen. In geschlossenen Systemen können die Ableiter auf richtiges funktionieren abgehorcht werden.

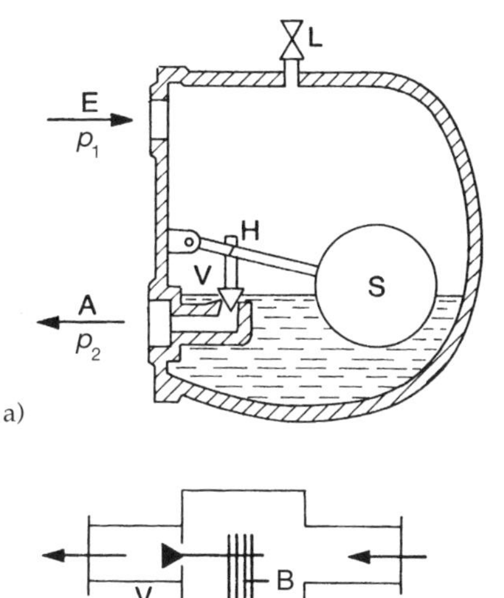


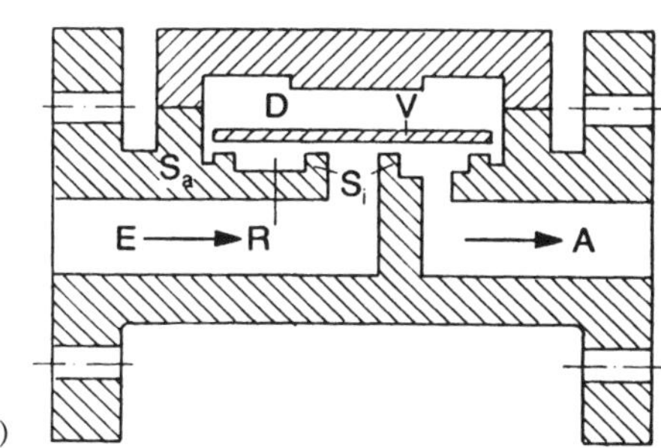


a) Mechanischer Kugelschwimmerableiter
Sie werden speziell bei dampfseitig geregelten Anlagen mit kleiner Druckdifferenz (Gegendruck) eingesetzt. Sie sind reine Niveauregler. Das Kondensat wird ohne Unterkühlung abgeleitet.

b) Termischer Ableiter
*V* = Ventil
*B* = Bimetallplatten

c) Thermodynamische Ableiter
Sie bestehen aus einem flachen, zylindrischen Gehäuse, in dem sich eine runde Platte auf und ab bewegen kann. Das Kondensat tritt zentral ein und strömt über Sitz $S_i$ und einen Ringspalt *R* aus Ausgang A. Ventilplatte V ist geöffnet. Folgt nun dem Kondensat Dampf nach, der viel schneller strömt, fällt der Druck ab. Die Ventilplatte sinkt ab und durch den äußeren Sitz $S_a$ tritt Dampf in den Raum D und drückt die Platte auf Sitz $S_i$ und $S_a$. Damit ist die weitere Strömung unterbunden, bis der Druck in D infolge Abkühlung durch Kondensat zusammenbricht. Die Öffnung wird wieder freigegeben und das Kondensat strömt ab.

Bild 8.11 Kondensatableitertypen
(übliche praktische Ausführungen)

Hauptvorteile der thermodynamischen Ableiter sind die kleinen Abmessungen und ihr verhältnismäßig günstiger Preis. Lastschwankungen werden ebenfalls gut bewältigt, eine Unterkühlung des Kondensats ist nicht erforderlich. Es sollte wie bei allen bisher genannten Ableitern ein Schmutzfänger vorgeschaltet werden.

Durch die **Kombination** eines thermischen Duostahlableiters mit einem thermodynamischen Effekt, wird ein schneller Öffnungs- und Schließvorgang erreicht, wodurch die Lebensdauer dieser als robust bekannten Systeme noch weiter erhöht wird.

Eine Darstellung der praktischen Ausführungen von den 3 Kondensatableitertypen gibt Bild 8.11 wieder.

## 8.4 Sammelsystem und Rückführung

Im Gegensatz zum Turbinenkondensat, das durch eine dem Kondensator zugeordnete Pumpe zurückgeführt wird, ist man bei Betriebskondensat auf Sammelleitungen und weitgehenden Transport aufgrund des vorhandenen Druckgefälles angewiesen. Damit kommt den vorhandenen Druckverhältnissen entscheidende Bedeutung zu.

❑ Als Grundsatz sollte gelten:
Nur gleichartige Dampfverbraucher, die mit demselben Dampfdruck betrieben werden und räumlich nahe beieinander stehen, sollten auf eine gemeinsame Kondensatsammmelleitung geführt werden.

Die Sammelleitungen sollten in einen Sammelbehälter, den «Flash-Tank» (Bild 8.12), geführt werden, in dem ein konstanter Enddruck eingestellt werden kann. In diesem Behälter wird der durch Entspannung entstandene Dampf, der Flashdampf, nach oben hin abgeführt (Bild 8.13), während das Kondensat weggepumpt oder durch eigenes Druckgefälle weggeleitet wird.

Der entstandene und abgeschiedene Dampf kann in ein Niederdruckdampfsystem geführt werden. Ist dies nicht möglich, sollte versucht werden, das Kon-

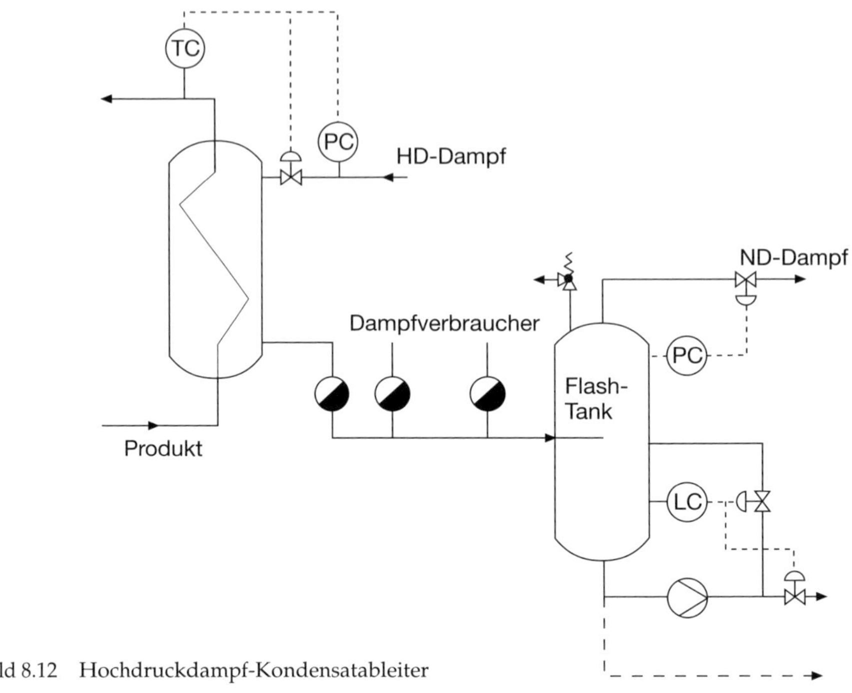


Bild 8.12 Hochdruckdampf-Kondensatableiter

densat unter Wärmeausnutzung vor Eintritt in den Flash-Tank abzukühlen (Bild 8.14), um Wasser und Wärme zu erhalten. Hierbei ist allerdings darauf zu achten, dass im Flash-Tank noch ein geringer Überdruck besteht, sodass keine Luft in das System dringen kann. Ergibt sich keine Verwendung für den Flashdampf, muss er in die Atmosphäre abgeblasen werden (Bild 8.15).

- Bei der Einspeisung des Kondensates in die Sammelleitung, muss ein Punkt besonders beachtet werden:

  Wird die Wärmeleistung eines Dampfverbrauchers dadurch geregelt, dass das Frischdampfventil weiter geöffnet oder geschlossen wird, d.h., der Dampfdruck mehr oder weniger abgesenkt wird, bedeutet dies, dass unter Umständen der Druckunterschied zwischen Dampfraum und Kondensatsystem so klein wird, dass das Kondensat nicht mehr abgeführt werden kann. Hier muss man entweder eine andere Regelung wählen, z.B. die Kondensatniveauregelung, die zwar sehr genau, aber auch sehr langsam ist, oder das Kondensat zu einem Sammelsystem niedrigeren Druckes führen, es wegpumpen oder im Extremfall ins Freie abströmen lassen, sofern kein Vakuum im Dampfraum herrscht. Die Kondensatableitung in ein Vakuum gibt Bild 8.16 wieder.

- Bei der Wichtigkeit des Druckgefälles kommt der Dimensionierung der Rohrleitungen eine entscheidende Rolle zu. Es muss berücksichtigt werden, dass bei jedem Druckabfall des Kondensats, sofern es nicht unterkühlt ist, eine Nachverdampfung stattfindet, d.h. in den Leitungen eine 2-Phasen-Strömung herrscht.

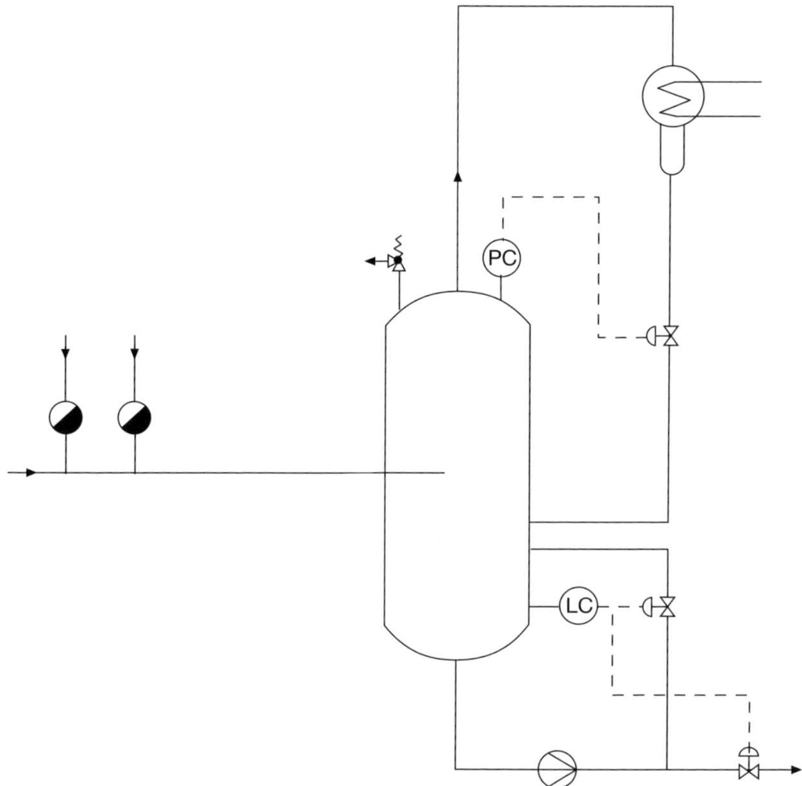


Bild 8.13 Niederdruck-Kondensatableitung mit vorhergehender Kühlung

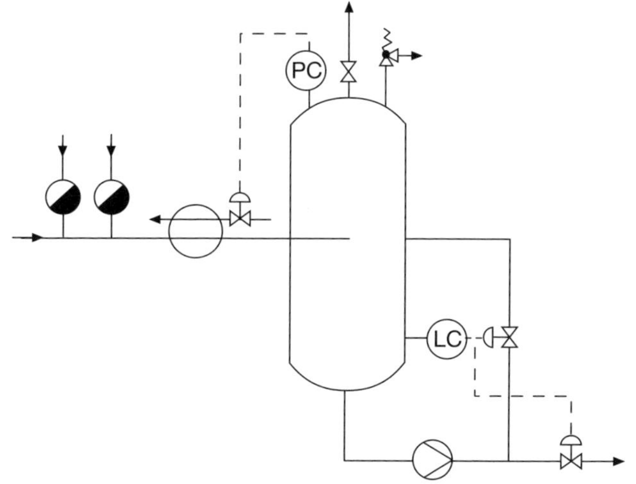


Bild 8.14 Niederdruck-Kondensatableitung mit Flashdampfkondensator

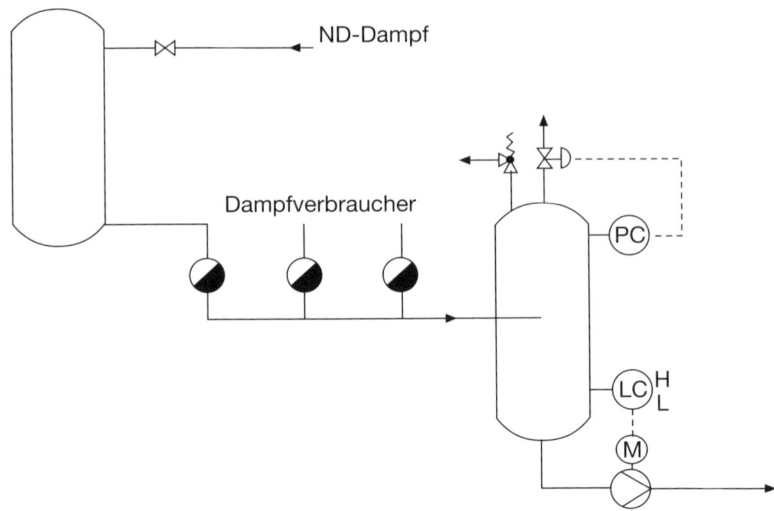


Bild 8.15 Niederdruck-Kondensatableitung mit Abblasen des Flashdampfes

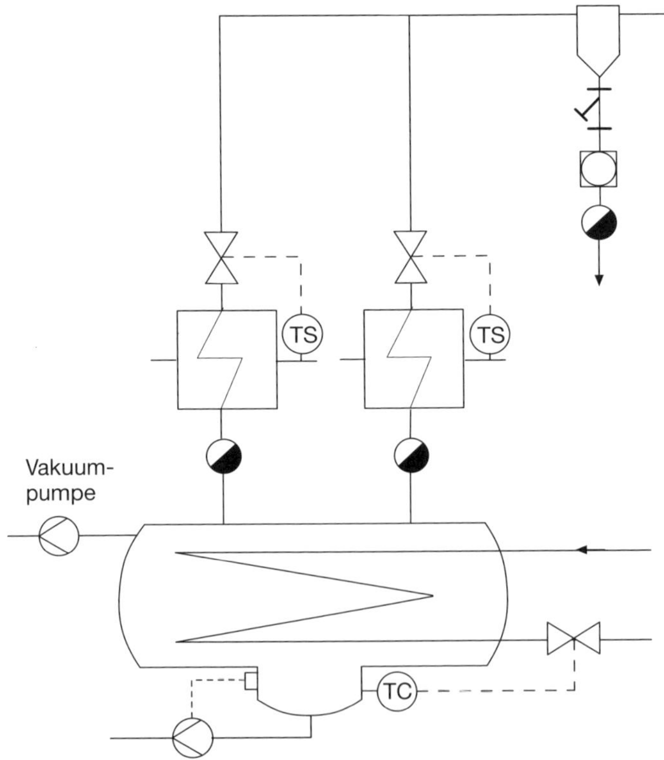


Bild 8.16 Kondensatableitung in ein Vakuum

**Beispiel**

Welche Folgen es hat, wenn diese Tatsache nicht beachtet wird, mag folgendes Beispiel zeigen: Ein Dampfverbraucher bezieht 10 000 kg/h Dampf mit 18 bar, das Kondensat ist nicht unterkühlt und soll in einen atmosphärischen Behälter geführt werden.

Wird angenommen, dass die Flüssigkeit mit einer Geschwindigkeit von 1,5 m/s strömt, errechnet man eine Nennweite der Rohrleitung von DN 50. In Wirklichkeit tritt aber bei einer Druckabsenkung des Kondensats von $\Delta p$ = 17 bar eine Nachverdampfung von ca. 20 % auf, d.h. von 2000 kg/h mit einem Volumen bei 1 bar von ca. 3500 m³/h.

Die Austrittsgeschwindigkeit dieser Dampfmenge bei einer Nennweite von DN 50 würde 500 m/s betragen, d.h. über der Schallgeschwindigkeit liegen. Dies ist in Rohrleitungen nicht möglich und der Druck in der Leitung steigt so lange an, bis Schallgeschwindigkeit am Ende der Rohrleitung auftritt. Hierdurch wird der Nachdampfmengenstrom von selbst reduziert. Bedingt jedoch durch die hohe Strömungsgeschwindigkeit entstehen Schall, Erosion und mechanische Belastungen in der Rohrleitung. Zu beachten ist auch, dass der Wärmeverbraucher geflutet ist und seine Leistung nicht erbringen kann.

Das Dampfvolumen muss also berücksichtigt werden (s. auch Abschnitt 8.1). Für nicht zu lange Rohrleitungen kann als Anhaltswert angenommen werden, dass am Leitungsaustritt die Geschwindigkeit unter Berücksichtigung des Dampfvolumens ca. 30 m/s nicht überschreiten sollte. Für das Beispiel bedeutet dies, dass die Kondensatleitung anstelle von DN 50 in DN 200 ausgeführt werden muss.

Ist Kondensat über große Entfernungen zu leiten, empfiehlt sich die Weiterleitung mittels Pumpe und eine die Wärme nutzende Abkühlung des Kondensats, z.B. durch einen Speisewasser-Economicer vor der Entspannung. Dadurch kann die Leitung für Flüssigkeit ausgelegt werden, das Nachverdampfen (Flashen) wird vermieden.

Für die überschlägige Dimensionierung des Flash-Tanks gelten als Richtwerte: Verweilzeit ca. 5 min und eine Dampfraumbelastung von 1500 (m³/h)/h. Als Pumpen für die Kondensatweiterleitung sind Kreiselpumpen mit niedrigem NPSH-Wert zu empfehlen. Es ist darauf zu achten, dass stets die zum Kühlen notwendige Mindestmenge durch die Pumpe geführt wird.

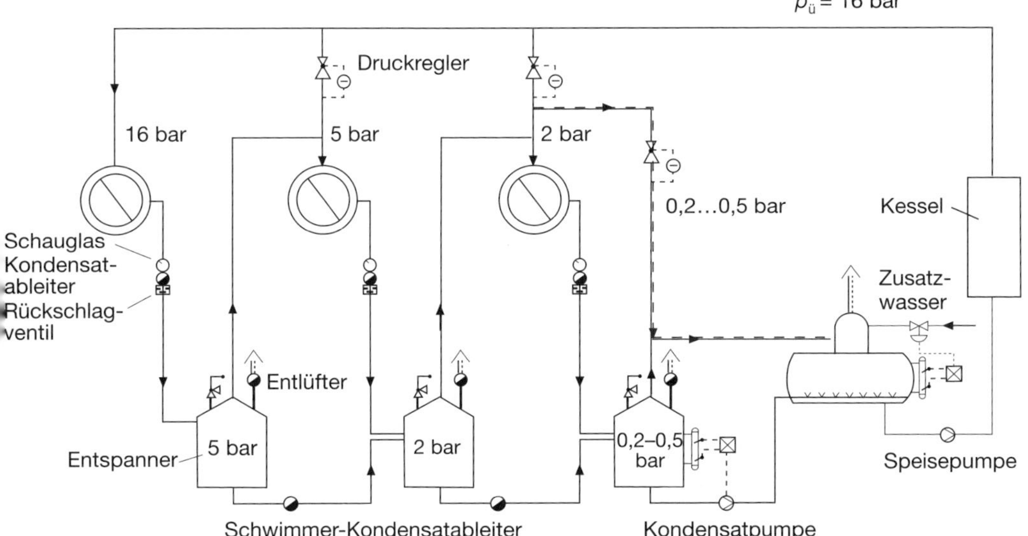


Bild 8.17 Geschlossener Kondensatkreislauf: völlige Kondensatwärmeausnutzung durch Entspannerschaltung in 3 Druckstufen

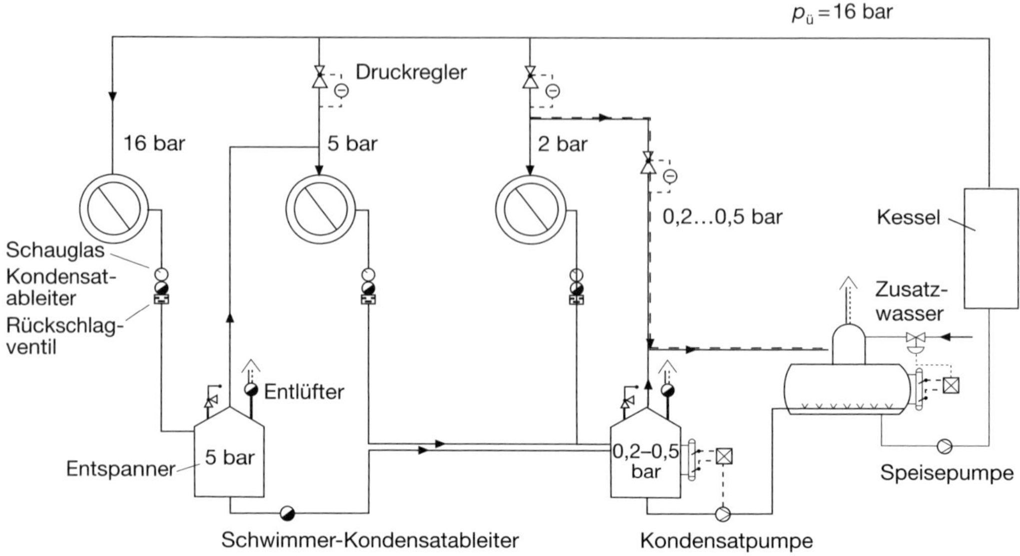


Bild 8.18 Geschlossener Kondensatkreislauf: völlige Kondensatwärmeausnutzung durch Entspannerschaltung in 2 Druckstufen

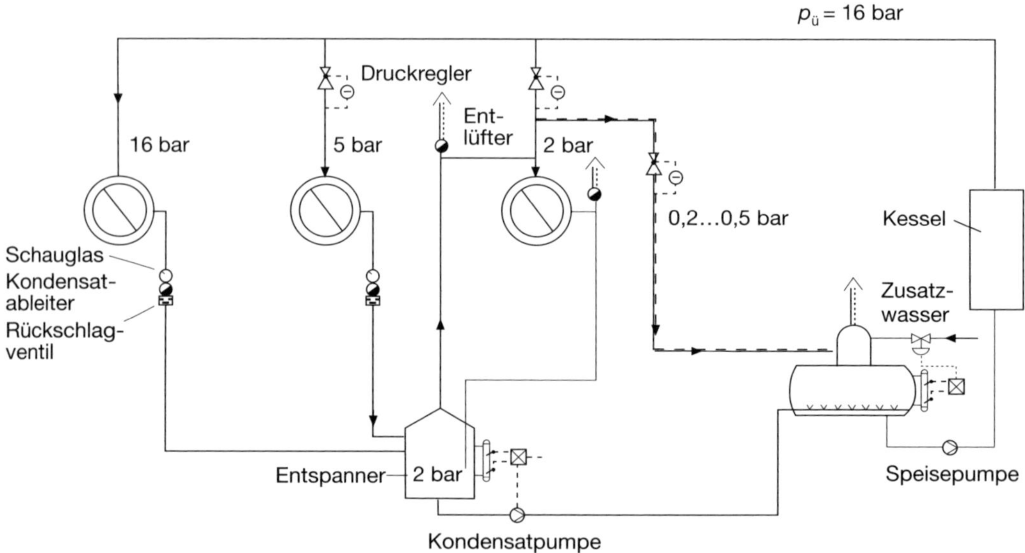


Bild 8.19 Geschlossener Kondensatkreislauf: Kondensatwärmeausnutzung durch Thermosyphonumlauf

Als Regelung des Kondensatniveaus im Flash-Tank kommt sowohl eine Ein-Aus-Schaltung der Pumpe als auch eine Drosselregelung mit Rückführung zur Sicherstellung der Mindestmenge infrage. Die 1. Regelung ist zu wählen, wenn der Kondensatanfall stark schwankt, die letztere bei kontinuierlichem Anfall von Kondensat.

Beispiele von geschlossenen Kondensatkreisläufen mit Kondensatwärmeausnutzung zeigen Bild 8.17, Bild 8.18 und Bild 8.19.

## 8.5 Verlegung von Kondensatleitungen

Der wichtigste Grundsatz für die Verlegung lautet:

> ! Kondensatleitungen sollen leer laufen können (Bild 8.20).

Die Gründe hierfür sind: Wassersäcke führen zu Wasserschlägen, Korrosion, verzögertes Anfahren und Frostschäden.

> ! Das Gefälle sollte in Strömungsrichtung 1 : 100 (1 cm Gefälle je 1 m Leitungslänge) sein.
>
> Die Zuleitungen sollten von oben in die Kondensatsammelleitung führen.
>
> Eine tabellarische Darstellung über die Kondensatableitung zeigt Bild 8.21.

### Hochliegende Kondensatsammelleitungen

Bei Dampf- und Kondensatanlagen ist es oft nicht zu vermeiden, dass Wärmeverbraucher tiefer als die Kondensatsammelleitung liegen. Dies ist auch bei grundsätzlich hochliegenden Kondensatsammelleitungen der Fall, oder wenn heiße Kondensate wieder hochgeführt werden müssen, um zum Beispiel einen Durchgang zwischen 2 Räumen freizuhalten oder eine Straße zu überbrücken. In solchen Fällen verkleinert sich der Differenzdruck am

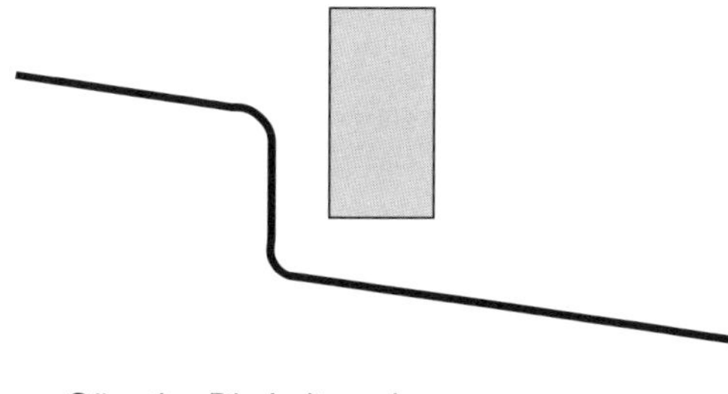


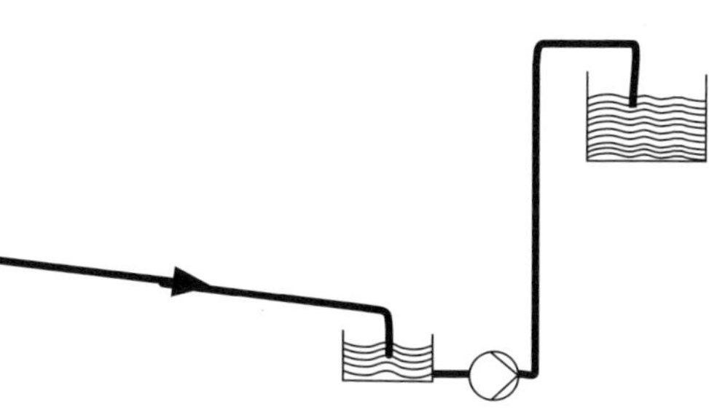


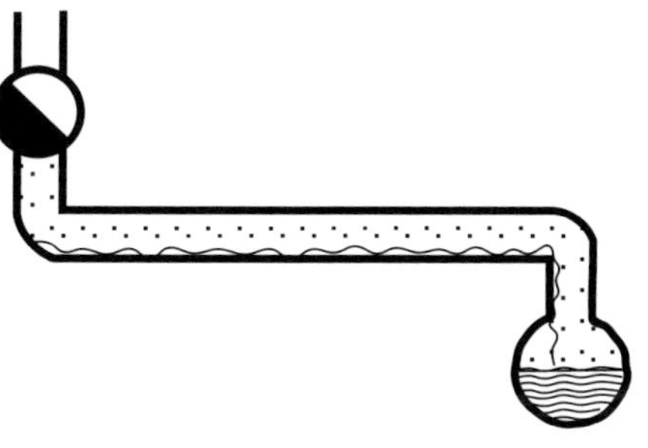


Bild 8.20 Führung der Kondensatsammelleitung

**Dampfleitung:** Gefälle 1:100 bis 1:200 in Strömungsrichtung. Entwässerungsstellen in 25 bis 50 m Abstand. Alle Tiefpunkte entwässern. Ende entwässern und entlüften. Entwässerungsstutzen = Nennweite der Dampfleitung, 0,5 m lang. Ableiter DN 10 oder 15. Dampfentnahme von der Leitungsoberseite.

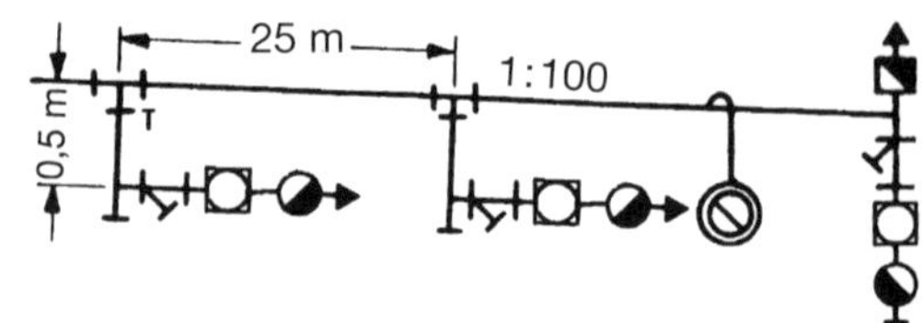


**Wärmetauscher:** Entwässerungsstutzen groß. Schmutzfänger = Betriebssicherheit. Ableitertyp sorgfältig wählen. Schauglas = Kontrolle. Ableitergröße nach Leistung, nicht nach Anschlüssen wählen. Kondensat unverzögert ableiten. Nach Außerbetriebnahme restlose Entleerung.

**Kondensatleitung:** Große Nennweite! Hohen Gegendruck vermeiden. Stets positives Druckgefälle am Ableiter. Nicht Kondensat mit sehr unterschiedlicher Temperatur zusammenführen.

**Zuleitung:** Abkröpfung oder Gefälle vor dem Ableiter verhindert, dass Dampf und Kondensat gleichzeitig zum Ableiter kommen. Ableiter nicht in steigende Leitung.

**Entfernung:** Ableiter nahe zum Wärmetauscher (Ausnahme: thermische Ableiter in bes. Fällen).

**Einbaulage:** Durchflussrichtung unbedingt beachten. Mechanische Ableiter und Schnellentleerer: Oberseite genau nach oben; andere Ableiter: beliebige Einbaulage, aber horizontal meist am günstigsten.

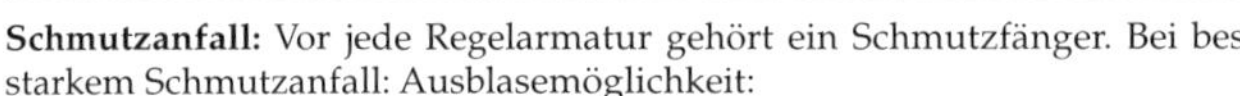

**Schmutzanfall:** Vor jede Regelarmatur gehört ein Schmutzfänger. Bei bes. starkem Schmutzanfall: Ausblasemöglichkeit:

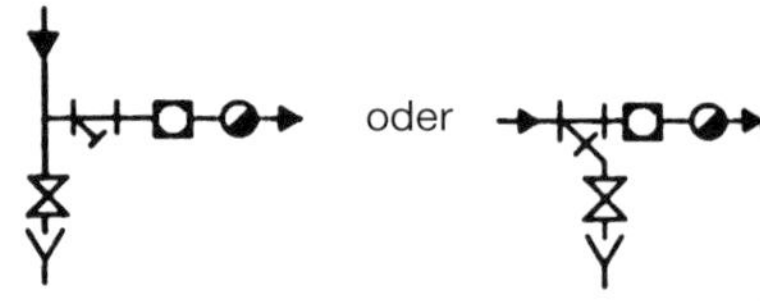


**Gefahr durch Verunreinigungen:** Kondensat im Kontrolltank sammeln.

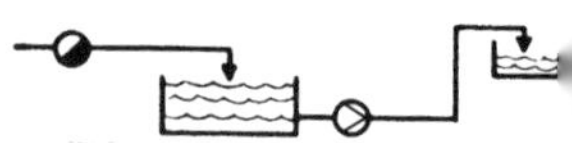

**Einmündung in die Kondensatleitung:**
Stets von oben; angeschuht.

**Verlegung der Kondensatleitung:**
Groß, „trocken", tief.

**Mehrere gleiche Dampfräume:**
Einzeln entwässern!

Dampfleitung

Kondensatleitung

nur notfalls:

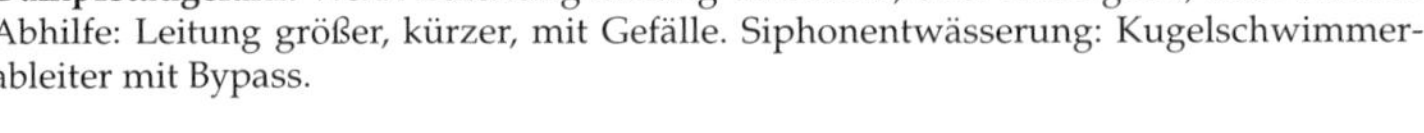

**Dampfstaugefahr:** Wenn Zuleitung zu lang und klein, oder ansteigend, oder beheizt. Abhilfe: Leitung größer, kürzer, mit Gefälle. Siphonentwässerung: Kugelschwimmerableiter mit Bypass.

**Temperaturregelung:** Druckschwankungen! Ableiter groß wählen. Bei Temp. unter 100 °C Vakuum möglich: dann Ableiter bis 12 m unterhalb des Dampfraums oder Vakuum-Pumpe oder Belüftung.

**Frostgefahr:** Ableiter: einfriersicher. Alle Leitungen bis zum Auslaufpunkt isolieren. Kondensatleitung bes. groß. Keine Wassersäcke. Großes Gefälle aller Leitungen. Leitungen möglichst kurz. Trennstücke nach dem Dampfabsperrventil herausnehmen.

Bild 8.21 Grundsätzliche Beachtungsmerkmale bei der Kondensatableitung [9]

**Korrosionsgefahr:** Speisewasser gut aufbereiten und entgasen. Alle Anlageteile laufend überwachen. Gut entlüften. Kondensat unverzögert ableiten. Wärmetauscher restlos entwässern.

**Erschütterungen:** Thermodynamische Kondensatableiter einsetzen.

**Wasserschlaggefahr:** Wassersäcke vermeiden. Alle Tiefpunkt entwässern. Gefälle in Strömungsrichtung. Kondensatstutzen groß.

**Umführungen:** Dort, aber nur dort, wo bei Gerätedefekt Betriebsunterbrechung unzulässig (z.B. Trockenzylinder).

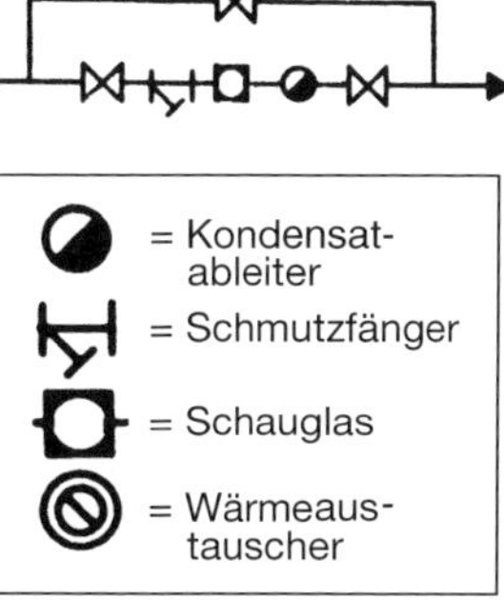


Bild 8.21 (Fortsetzung)

Kondensatableiter um ca. 1 bar je 7 m Förderhöhe (Bild 8.22).

Ohne Kompensator treten Wasserschläge in steigenden Kondensatleitungen auf. Diese entstehen, wenn mitgerissene oder durch den Entspannungsvorgang entstandene Dampfblasen in Leitungsteile gelangen, in denen sich Kondensat mit wesentlich geringerer Temperatur befindet. Dabei fällt die Dampfblase schlagartig zusammen und verringert beim Übergang in den flüssigen Zustand beträchtlich das Volumen. Es entsteht ein Vakuum, das vom nachströmenden Kondensat schnell ausgefüllt wird. Durch das Aufeinanderprallen der Wasserpfropfen entstehen die gefürchteten Wasserschläge.

Der Kompensator wirkt als Puffer (Bild 8.23), der den Wasserschlag in einem Windkessel abfängt. Er wird stets an der tiefsten Stelle der Ableitrohre eingebaut. Ein- und Austrittsstutzen sind so angeordnet, dass sich im Oberteil des Behälters beim Anfahren der Anlage aus den mitgerissenen Luft- und Dampfblasen ein dämpfungsfähiges Polster bildet und im Unterteil Kondensat als Sperrflüssigkeit stehen bleibt.

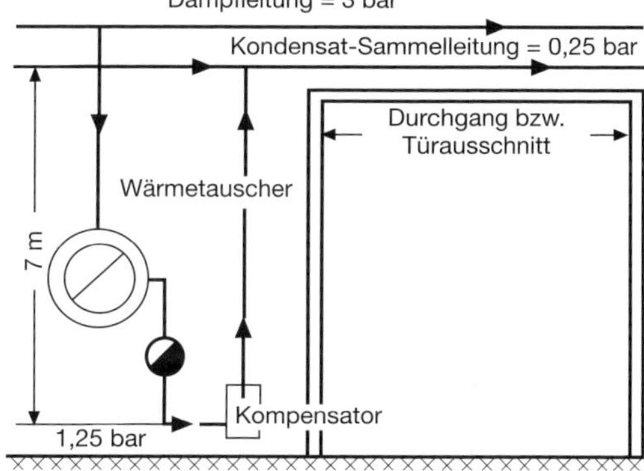


Bild 8.22 Hochliegende Kondensatsammelleitung

Jedes weitere zufließende Kondensat wird entsprechend seinem Arbeitsdruck in die höher verlegte Kondensatsammelleitung gedrückt. Der Differenzdruck muss also ausreichend sein, um den statischen Druck und die Rohrleitungsdruckverluste zu überwinden.

Durch den Einbau eines Kompensators erfolgt die Kondensatableitung trotz aufsteigender Rohrleitung geräuschlos. Die Rohr-

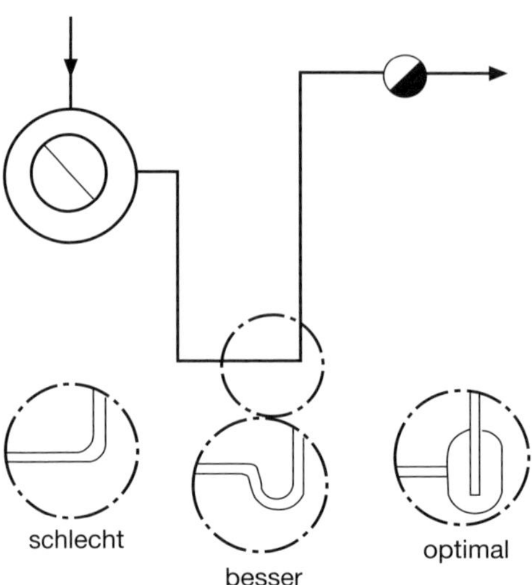


Bild 8.23
Kondensatleitung mit steigender Rohrleitung

leitungen und Armaturen werden auch bei hoch verlegten Kondensatleitungen nicht durch Wasserschläge zusätzlich beansprucht. Gleichzeitig dient der Kompensator zum Ausgleich des sonst schwankenden Gegendruckes und bewirkt ein ruhiges, störungsfreies Arbeiten des Kondensatableiters.

**Kondensatheber**

In Bild 8.24 ist die Funktionsweise von einer Kondensat-Hebeeinrichtung dargestellt. Für verschiedene Anwendungszwecke ist in Bild 8.25 das jeweilige Verrohrungsschema aufgeführt und erläutert.

**Kondensatüberwachung**

Eine Kondensatüberwachung erfolgt i.d.R. durch Überwachung der elektrischen Leitfähigkeit und der Kondensattrübung (Bild 8.26).

**Kondensatsammelbehälter**

Bevor das Kondensat an den Dampferzeuger weitergeleitet wird, erfolgt eine Sammlung im Kondensatsammelbehälter (Bild 8.27).

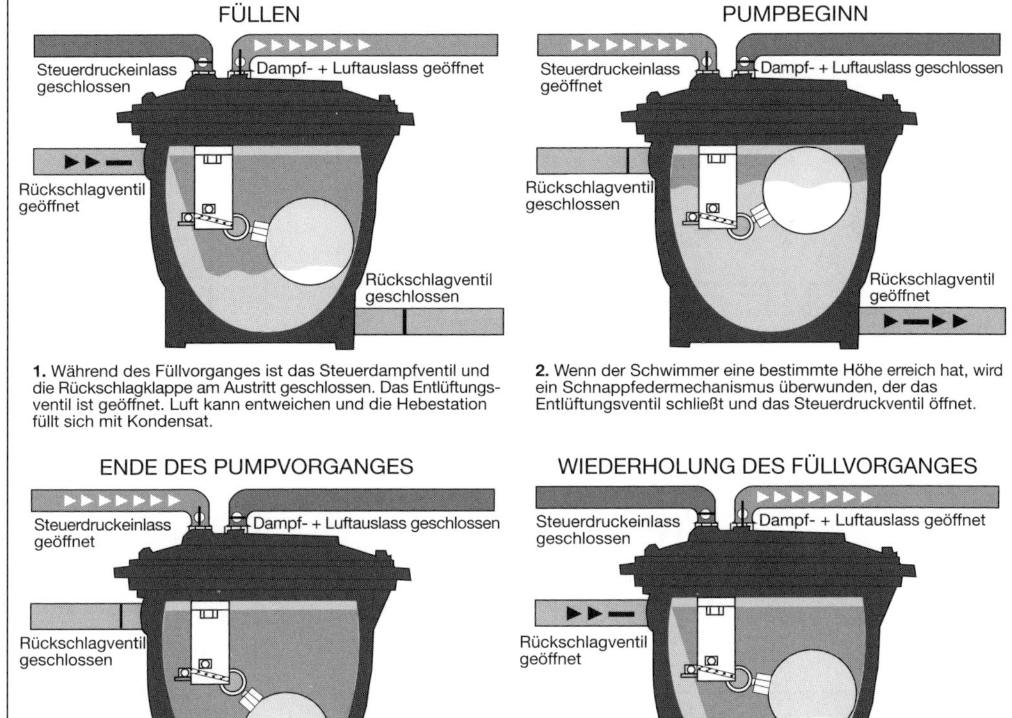


**1.** Während des Füllvorganges ist das Steuerdampfventil und die Rückschlagklappe am Austritt geschlossen. Das Entlüftungsventil ist geöffnet. Luft kann entweichen und die Hebestation füllt sich mit Kondensat.

**2.** Wenn der Schwimmer eine bestimmte Höhe erreich hat, wird ein Schnappfedermechanismus überwunden, der das Entlüftungsventil schließt und das Steuerdruckventil öffnet.

**3.** Das Steuermedium drückt das Kondensat heraus, der Schwimmer sinkt ab und der Schnappfedermechanismus schaltet wieder um, so dass das Steuerdruckventil geschlossen und das Entlüftungsventil geöffnet wird.

**4.** Nun kann wieder Kondensat einströmen und der Arbeitsvorgang beginnt von vorne.

Bild 8.24 Funktionsweise der Kondensathebeeinrichtung [10]

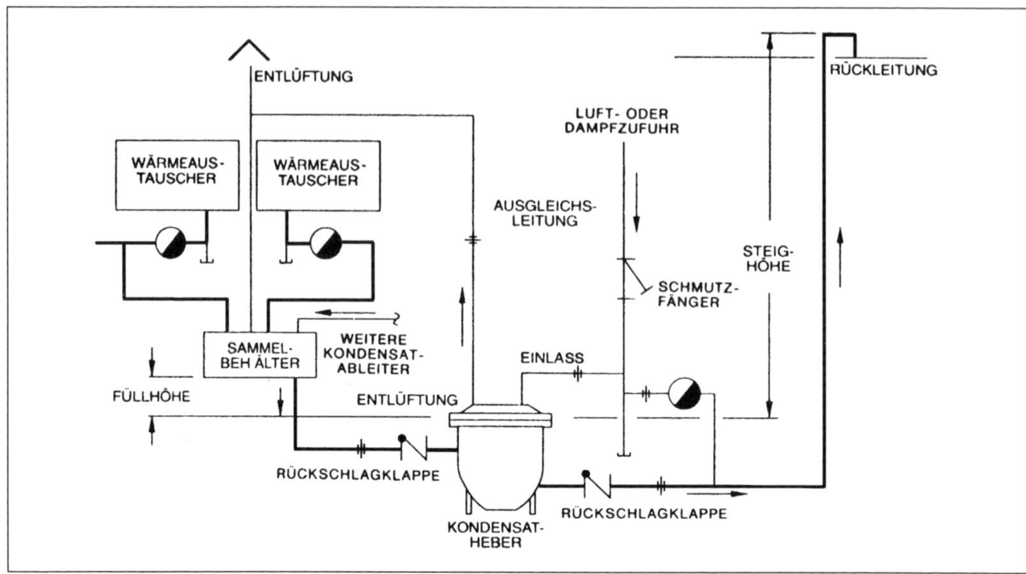


Entlüftete Sammelbehälter werden verwendet für die Zusammenführung von Kondensat aus Wärmeaustauschern oder anderer Verbraucher. Der Kondensatheber fördert die Flüssigkeit von entlüfteten Sammelbehältern zu den steigenden Kondensatleitungen.

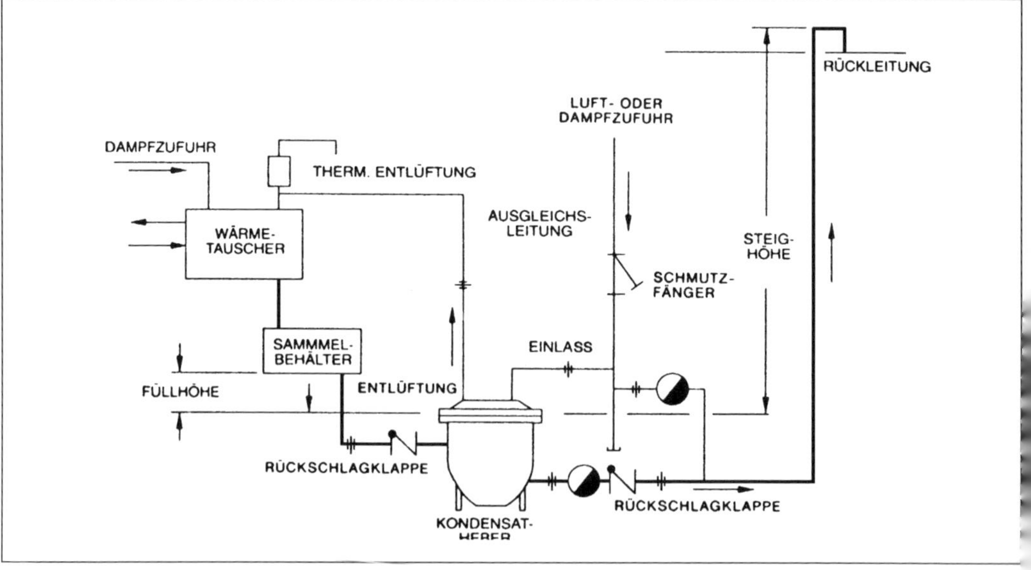


Da der Entwässerungsdruck bei einem dampfgeregelten Wärmeaustauscher schwanken bzw. auch niedriger als der Kondensatgegendruck sein kann, wird unterhalb des Wärmeaustauschers ein horizontaler Sammelbehälter und am Ausgang des Kondensathebers ein Kondensatableiter installiert. Damit wird das Ausblasen von Dampf in die Kondensatrückleitung verhindert. Diese Installationsart sollte nur bei niedrigen Kondensatleistungen verwendet werden.

Bild 8.25 Verschiedene Formen der Kondensathebeeinrichtung [10]

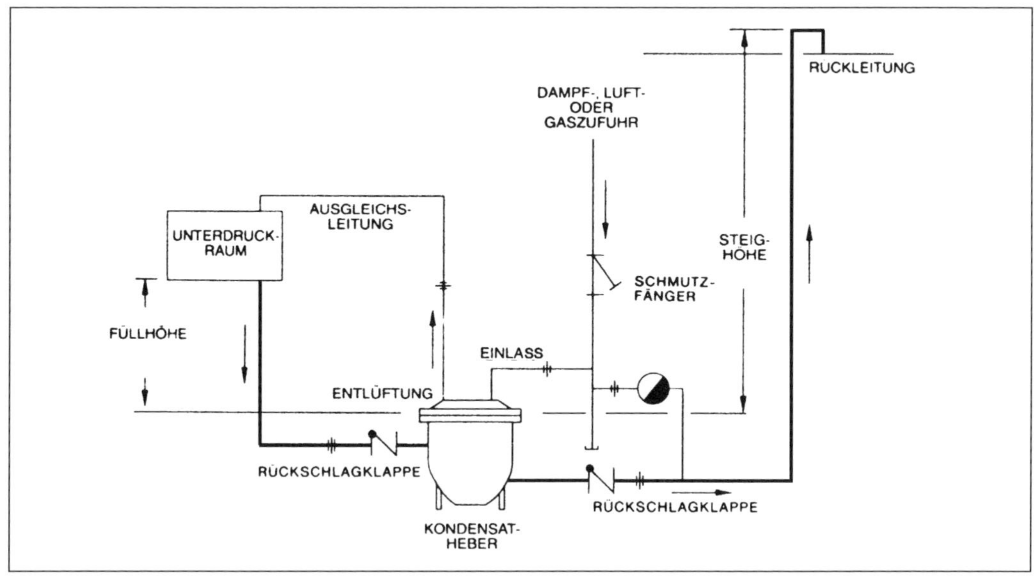


Diese Installationsart ist bei einem System im Vakuumbereich zu wählen. Auch hier kann der Kondensatheber eingesetzt werden. Allerdings ist die statische Höhendifferenz von Sammelbehälter und Kondensatheber, entsprechend dem Vakuum, auszulegen. Wird als Steuermedium nicht Dampf, sondern Gas oder Druckluft verwendet, benötigt man keinen Kondensatableiter.

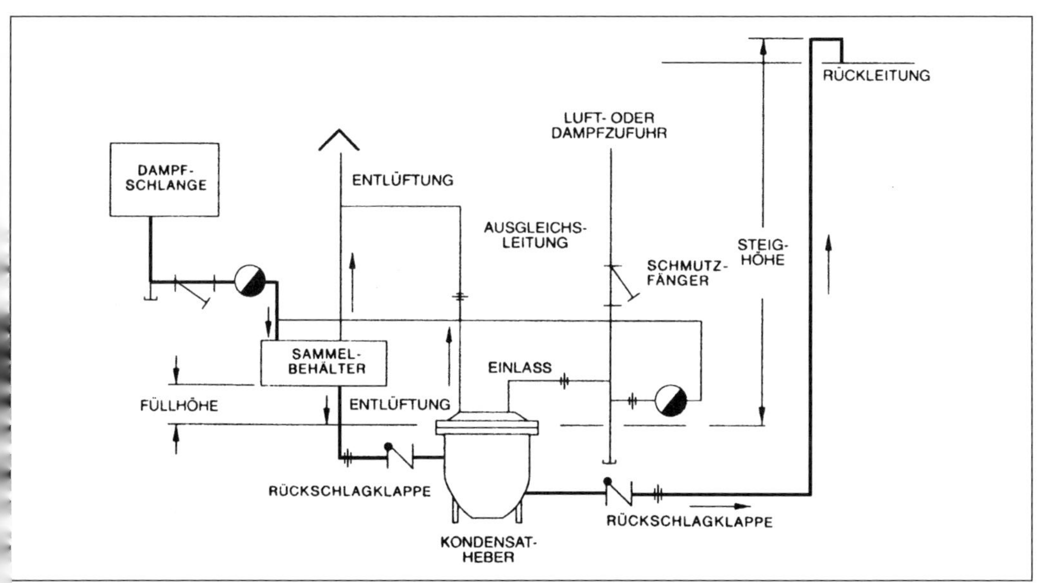


Kondensat kommt aus mehreren Leitungen zum Sammelbehälter oberhalb des Kondensathebers. Bei Verwendung des richtigen Kondensatableiters ist eine Leitungsentwässerung auch bei niedrigen Druckdifferenzen gewährleistet.

Bild 8.25 (Fortsetzung)

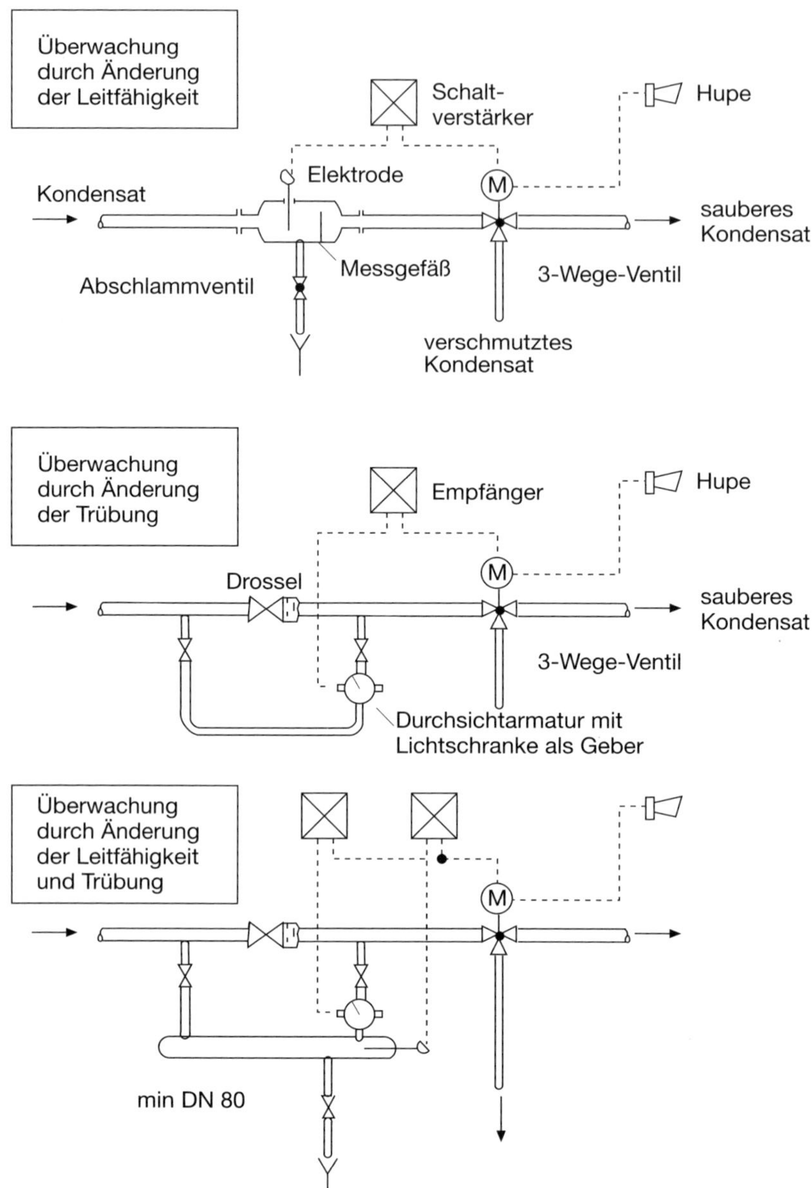


Bild 8.26 Beispiele der Kondensatüberwachung

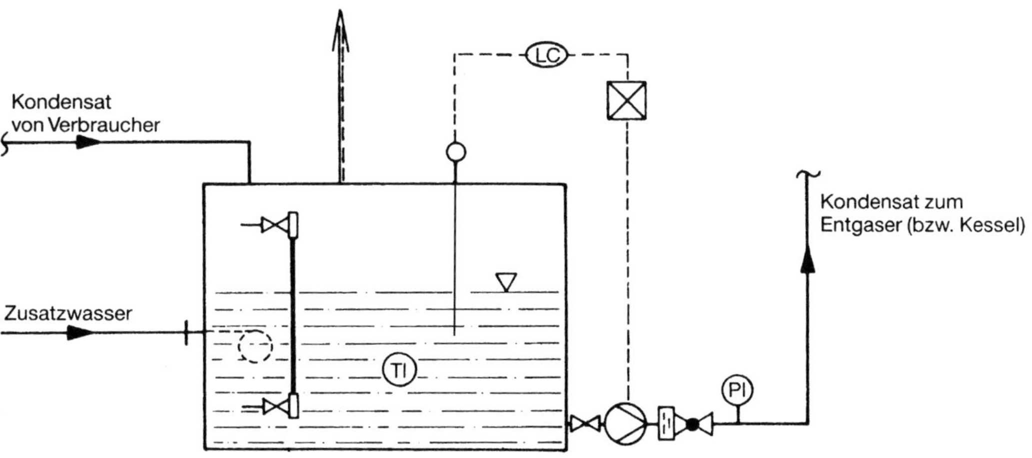


Bild 8.27 Kondensatsammelbehälter mit außenstehender Pumpe

# 9 Dampf- und Kondensatsysteme für verschiedene Einsatzfälle

Da die Forderungen im Anlagenbau an Kondensatableiter sehr vielfältig sind (Bild 9.1), wurden unterschiedliche Ableitsysteme entwickelt. Jedes System hat gegenüber den anderen Vor-, aber auch Nachteile. Nur wenn das jeweils für die Anlage bzw. den Anwendungsfall geeignetste Ableitsystem ausgewählt und richtig installiert wurde, wird eine einwandfreie Entwässerung erzielt und Dampfverluste und damit Energieverluste vermieden.

## 9.1 Entwässerung von Dampfleitungen

Für die Entwässerung von Dampfleitungen werden vor allem thermische Kondensatableiter eingesetzt (s. Abschnitt 8.3.1.2).

## 9.2 Kondensatableitung an Lufterhitzern

Bei Außentemperaturen unter 0 °C kann ein Heizregister innerhalb kürzester Zeit (wenige Sekunden) einfrieren und dadurch zerstört werden. Man muss dafür sorgen, dass der Druck vor dem Kondensatableiter größer ist als der Druck dahinter. Hierfür gibt es 4 Möglichkeiten:

- Man schließt die Kondensatleitung an ein vorhandenes Vakuumsystem an, dessen Druck tiefer liegt als der niedrigste Druck im Dampfraum (Bild 9.2).
- Wenn die räumlichen Verhältnisse es zulassen, wird die Kondensatableitung zum Kondensatableiter so weit nach unten geführt, dass das Kondensat aufgrund des hydrostatischen Druckes (Wassersäule) ausfließen kann.

  Im Beispiel gemäß Bild 9.3 muss die Zulaufhöhe zum Ableiter also über 10 m betragen, damit Kondensat abgeführt wird. Würde auf 80 °C geregelt, so entspräche dieser Dampftemperatur gemäß Tabelle 4.2 ein Druck von 0,47 bar oder ca. 4,7 mWS, unter diesen Umständen müsste die Zulaufhöhe zum Ableiter größer als 4,7 m sein.
- Um derart große Zulaufhöhen zu vermeiden, kann man einen Belüfter einsetzen, der Luft in den Dampfraum einströmen lässt, sobald der Druck unter den Atmosphärendruck sinkt. Im einfachsten Falle ist das ein gut dichtendes Rückschlagventil. Nun kann der Druck nicht mehr unter den Atmosphärendruck fallen. Da die Luft bei Abkühlung nicht kondensiert, kann dennoch die Temperatur im Dampfraum unter 100 °C sinken, da entsprechend dem für den Dampf verbleibenden Partialdruck die «Bindung an die Sattdampfkurve» durch die Luftbeimischung aufgehoben wird. Weiterer Nachteil: Luftsauerstoff in der Anlage.

  Auch in diesem Falle wird eine Zulaufhöhe zum Ableiter benötigt, die nun aber nicht mehr zur Überwindung eines Unterdrucks im Dampfraum dient, sondern nur noch zur Erhöhung des Kondensatdrucks vor dem Ableiter. Je nach Kondensatanfall und Ableitergröße genügt eine Zulaufhöhe von 1…3 m.
- Steht kein Vakuumsystem zur Verfügung, kann der Kondensatableiter nicht bis zu 12 m unter dem Wärmeaustauscher montiert werden, und will man keine Luft im Dampf-Kondensat-System haben, dann hilft nur noch das Abpumpen des Kondensats. Hierfür wird Hilfsenergie und eine Regelung benötigt. Bild 9.4 zeigt den Einsatz eines Kondensathebers, der Dampf als Hilfsenergie benutzt und völlig selbsttätig arbeitet. Bild 9.5 zeigt im Schema den Einsatz einer elektrisch angetriebenen Vakuumpumpe.

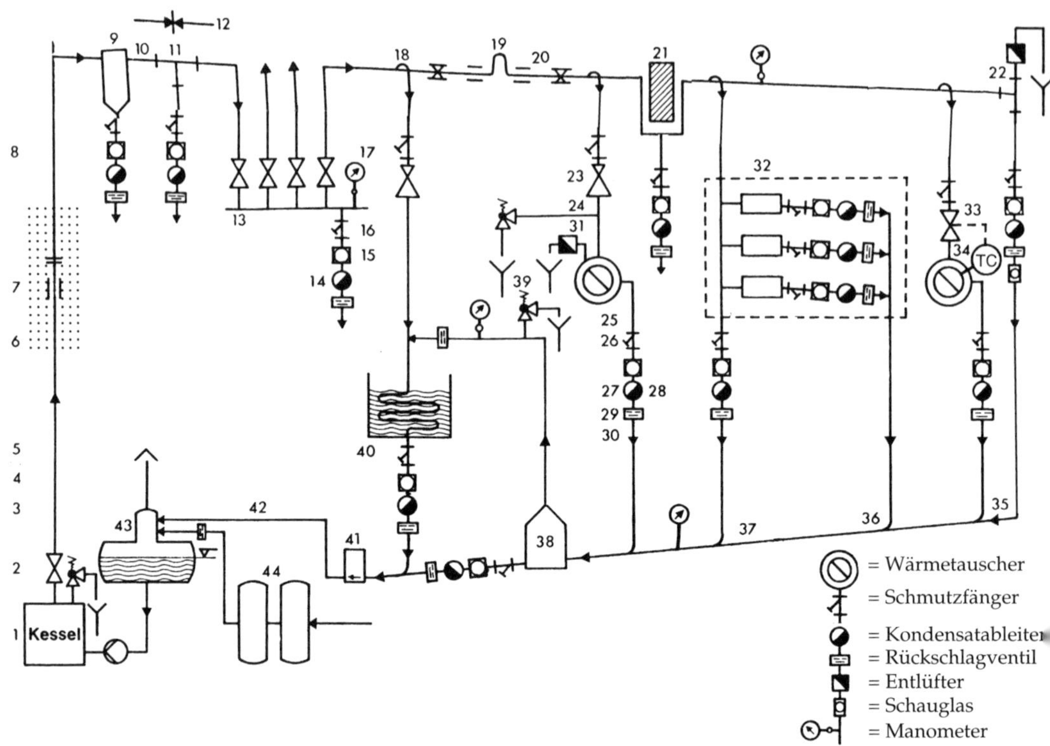


**Dampferzeugung und Dampfverteilung**

1 Sicherheit zuerst
2 Inbetriebnahme: **langsam** (mind. 3…5 min/bar)
3 Sattdampf: Druck und Temperatur gekoppelt
4 Heißdampf: gut in Leitungen, schlecht in Wärmetauschern
5 Dampfleitung: lieber zu groß, Sattdampf ca. 25 m/s, Heißdampf 40…60 m/s
6 Isolierung: Dicke ≈ DN
7 Halterungen und Armaturen isolieren
8 Überhitzung verschwindet schnell
9 Nasser Dampf = Erosion – trocken!
10 Leitung: Gefälle 1:100 in Strömungsrichtung
11 Entwässerung mit T-Stück
12 Entwässerungspunkte ca. 25 m Abstand
13 Dampfverteiler groß wählen
14 Dampfverteiler entwässern
15 Schauglas = Kontrolle
16 Schmutzfänger = Betriebssicherheit
17 Manometer = Übersicht
18 Dampfentnahme von der Oberseite der Leitung
19 Leitungsausdehnung zulassen
20 Gleit- und Festpunkte sinnvoll anordnen
21 Alle Tiefpunkte der Dampfleitung entwässern
22 Leitungsende entwässern und entlüften
23 Druckminderer mit Steuerventil: klein und genau
24 Druckreduzierung: Dampfzustand beachten

**Dampfverwendung und Kondensatrückführung**

25 Kondensat unverzögert ableiten
26 Wärmetauscher vollständig entwässern
27 Ableiter nahe am Wassertauscher, nicht in steigende Leitung
28 Ableitertyp sorgfältig wählen
29 Rückschlagventil = Kondensatrückfluss verhindern
30 Kondensatsystem: Kondensatentfernung, Druckhaltung, Entlüftung, Wirtschaftlichkeit
31 Gute Entlüftung = größere Leistung
32 Dampfräume einzeln entwässern
33 Regelventile: meist kleiner als die Dampfleitung
34 Temperaturregelung = Druckschwankung; unter 100 °C; Vakuum möglich
35 Kondensatleitung «trocken» verlegen
36 Einmündung in die Oberseite
37 Kondensatleitung: **groß** Nachverdampfung = Naturgesetz
38 Nachdampfverwertung = Wirtschaftlichkeit
39 Sicherheitsventil = Anlagensicherheit
40 Kondensatwärme ausnutzen wo zweckmäßig
41 Vollständige Entleerung durch Kondensatheber
42 Kondensat zurückführen: spart Wärme, Wasser, Aufbereitung
43 Speisewasser entgasen
44 Wasseraufbereitung sorgfältig

Bild 9.1 Dampf und Kondensatkreislauf:
Dampferzeugung–Dampfverteilung–Dampfverwendung–Kondensatrückführung [9]

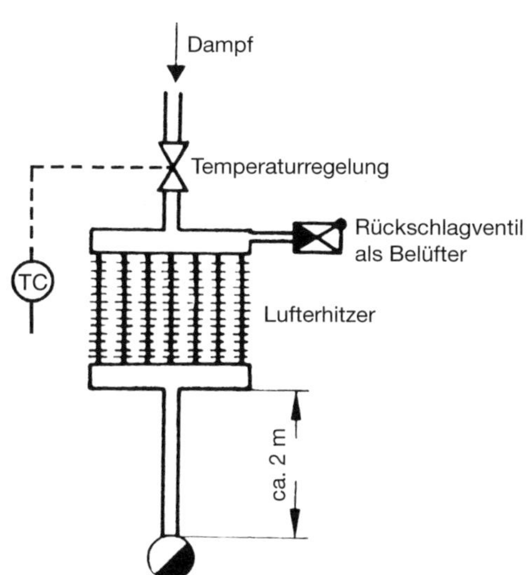


Bild 9.2 Kondensatableitung in eine Vakuumleitung mit Zulaufhöhe zum Kondensatableiter

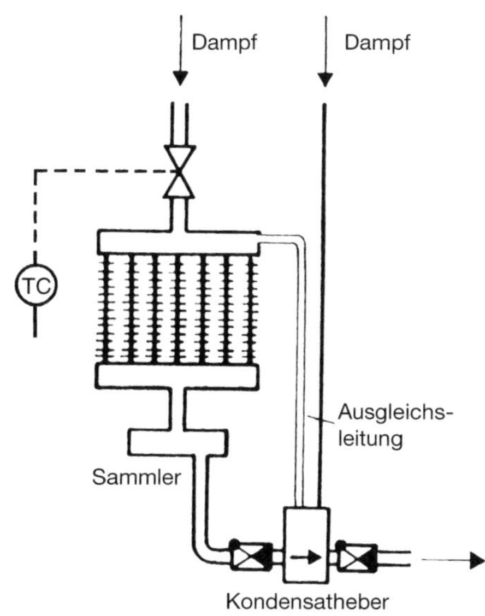


Bild 9.4 Kondensatweiterleitung mittels Kondensatheber

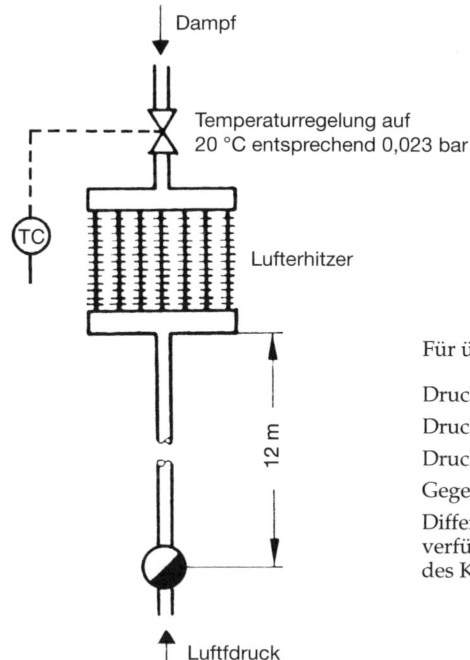


Für überschlägige Rechnung gilt 0,1 bar < 1 mWS

| | |
|---|---|
| Druck im Dampfraum: | 0,023 bar |
| Druck der Wassersäule: | + 1,200 bar |
| Druck vor dem Ableiter: | 1,223 bar |
| Gegendruck der Atmosphäre: | –1,000 bar |
| Differenzdruck am Ableiter verfügbar zum Ausschleusen des Kondensats | 0,223 bar |

Bild 9.3 Verhinderung von Kondensatrückfluss bei Vakuumbildung im Lufterhitzer [9]

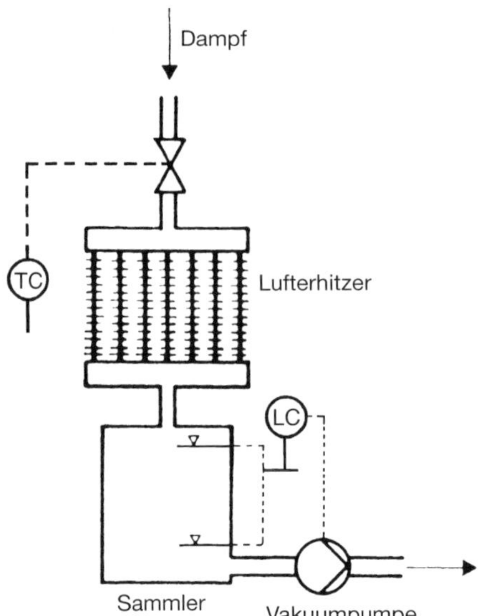


Bild 9.5
Kondensatableitung mittels Vakuumpumpe [9]

## 9.3 Kondensatableitung aus dampfbeheizten Wärmeaustauschern mit Produkttemperaturen <100 °C

Wenn z. B. bei einem Wärmeaustauscher die Temperaturregelung über die Dampfzuführsteuerung erfolgt, besteht bei Produkttemperaturen (z. B. Lufterhitzer) unter 100 °C die Möglichkeit, dass Vakuum im Dampfraum des Wärmeaustauschers entsteht. Für die Erreichung der Produkttemperatur gilt:

$$\dot{Q} = k \cdot A \cdot \Delta\vartheta_m \quad \text{(Gl. 9.1)}$$

Der Wärmedurchgangskoeffizient $k$ und die Heizfläche $A$ können als konstant angenommen werden. Die Dampfzufuhrtemperatur ist ebenfalls konstant.

Eine Reduzierung der Wärmeaustauscherleistung bedeutet gleichzeitig eine Reduzierung von $\Delta\vartheta_m$.

Daher hat man für den Normalfall $\Delta\vartheta_m$ als Variable zur Steuerung des Wärmestromes $\dot{Q}$ gewählt. Bei Temperaturregelungen über die Dampfzuführung tritt bei *Drosselung* des Stellventils wegen der idealen Verknüpfung von Dampfdruck und Dampftemperatur sofort ein Fallen der Dampftemperatur über der gesamten Heizfläche ein, so dass $\Delta\vartheta_m$ sehr schnell geändert wird. Dies ist einer guten Regelgüte dienlich.

Wenn die Summe von Produkttemperatur und $\Delta\vartheta_m$ die 100 °C unterschreitet herrscht im Dampfraum des Wärmeaustauschers Vakuumbedingungen. Das Druckgefälle zur Kondensatableitung ist dann negativ (wenn kein Vakuumkondensatnetz vorhanden ist), und es strömt Kondensat aus dem Kondensatnetz in den Wärmeaustauscher.

Bei Volllast des Wärmeaustauschers wird das Stellventil für die Dampfzufuhr voll geöffnet sein, und das Kondensat kann durch den Ableiter hindurch in die Kondensatleitung gedrückt werden.

Im Teillastbetrieb und bei Nulllast kann der Dampfdruck $p_1$ im Dampfraum bis auf einen Wert der gleich dem Druck $p_2$ in der Kondensatleitung ist fallen oder sogar niedriger werden.

Das Kondensat wird in den Dampfraum hineingesaugt, weil es den Ableiter wegen des fehlenden oder zu niedrigen Differenzdrucks nicht mehr in Richtung Kondensatnetz passieren kann.

Den Zustand, bei dem das Kondensat nicht mehr über den Differenzdruck am Ableiter abgeleitet werden kann, nennt man «**Staupunkt**». Ob und bei welcher Wärmeaustauscherlast der Staupunkt eintritt, lässt sich anhand von Bild 9.6 bestimmen.

**Beispiel**

Gemäß Bild 9.6 wird das Produkt von 20 °C auf 70 °C in einem dampfbeheizten Wärmeaustauscher aufgeheizt. Im Dampfraum des Wärmeaustauschers herrscht bei Volllast ein Dampfüberdruck von 1 bar (120 °C). Man sieht dass der Staupunkt bereits bei einer Teillast von 62 % und einer Produkttemperatur von ca. 38 °C eintritt, vorausgesetzt dass die Kondensatableitung ins Freie (Atmosphärendruck) erfolgt. Herrscht im Kondensatsystem ein Gegendruck von z. B. 0,4 bar Überdruck, wird der Staupunkt bereits bei der Teillast von 80 % und einer Pro-

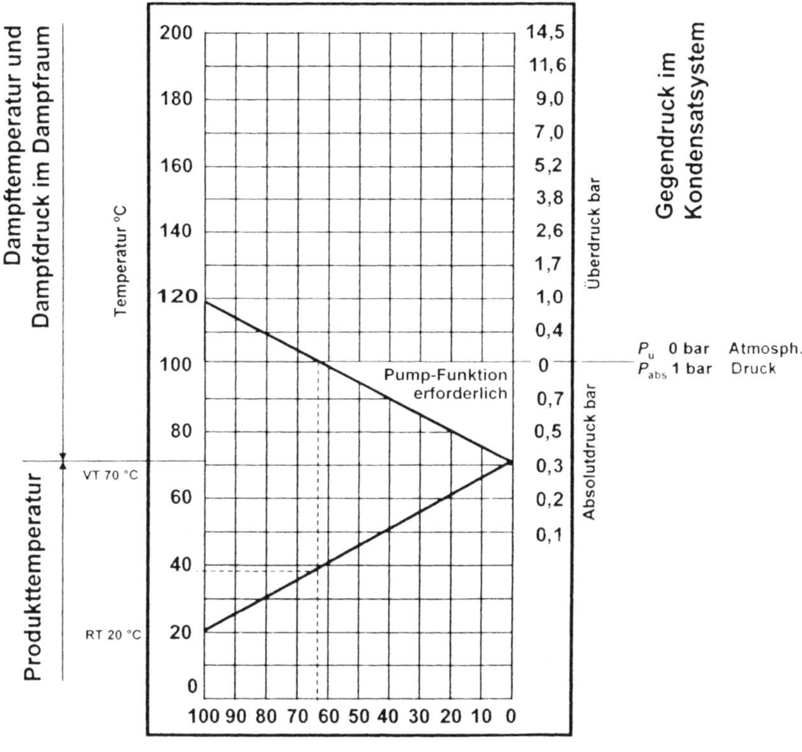


Bild 9.6 Dampfregelung am Wärmeverbraucher

dukttemperatur von 30 °C eintreten. Auch lässt sich aus dem Bild ersehen, dass die Dampfversorgung mit einem höheren Druck keine Lösung ist.

Wird z. B. die Dampfversorgung so vorgenommen, dass im Dampfraum bei Volllast ein Überdruck von 9 bar herrscht, ändert sich lediglich die Steilheit der Druckkurve im Dampfraum dahingehend, dass bei Kondensatableitung ins Freie der Staupunkt erst bei 30 % Teillast und einer Produkttemperatur von ca. 55 °C auftritt.

Bei Produkt-Sollwert-Temperaturen unter 100 °C entstehen im Dampfraum von Wärmeaustauschern im Teillastbereich Vakuumbedingungen, wobei der Staupunkt abhängig von den Betriebsbedingungen mehr oder weniger «früh» eintritt.

Der Kondensatrückstau am Staupunkt hat zur Folge, dass die für das Heizmittel Dampf zur Verfügung stehende Heizfläche im Wärmeaustauscher immer geringer wird. Hieraus resultiert verminderte Wärmeübertragungsleistung bis schließlich das Temperaturregelsystem eine Regelabweichung bezüglich der Produkttemperatur feststellt. Der Regler lässt das Stellventil in Richtung «auf» fahren, was einer raschen Dampfdruckerhöhung im Dampfraum gleichkommt. Dampf trifft auf relativ kaltes Kondensat, Dampfschläge und Geräusche sind die Folge. Der rasch steigende Dampfdruck drückt das angestaute Kondensat fast schlagartig über den Ableiter in das Kondensatsystem. Wasserschläge und zusätzliche Geräusche sind abermals die Folge.

Völlig inakzeptabel wird diese Angelegenheit, wenn dem Kondensatableiter kein Rückschlagventil nachgeschaltet ist. Hierdurch wird nicht nur das sich im Dampfraum des Wärmeaustauschers bildende Kondensat angestaut, sondern es wird zusätzlich Kondensat aus dem Kondensatsystem in den Dampfraum hineingesaugt.

Bei Lufterhitzern stellt sich zudem durch Kondensatrückstau in den Dampfraum hinein eine Temperaturschichtung des Warmluftstroms ein, und es besteht je nach Temperatur der zu erwärmenden Luft Einfriergefahr.

## 9.4 Dampfseitige Regelung von Wärmeaustauschern

Die dampfseitige Regelung von Wärmeaustauschern erfolgt i. A. durch ein Regelventil, das vor dem Wärmeaustauscher den Dampfdurchfluss nach Bedarf verändert (Bild 9.7).

Alle derartigen Regelventile vergrößern oder verringern eine Durchflussöffnung und setzen so der Dampfströmung einen größeren oder kleineren Durchflusswiderstand entgegen. Der Dampf erfährt am Regelventil also einen Druckabfall, dessen Größe von der jeweiligen Stellung des Regelventils abhängt. Entsprechend dem augenblicklichen Druck stellt sich die Kondensationstemperatur im Dampfraum ein. Durch Veränderung des Dampfdrucks verändert das Regelventil also

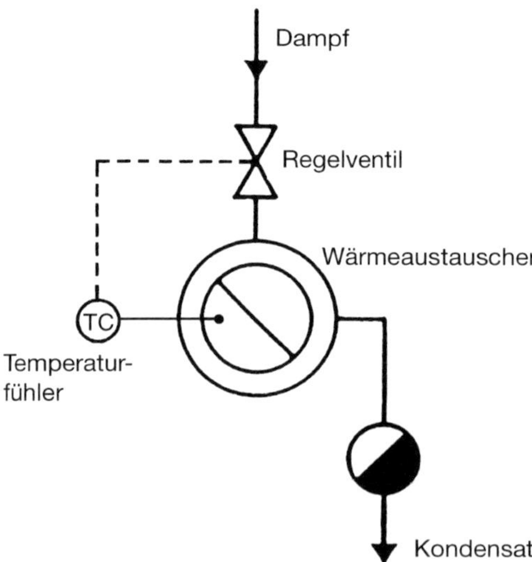


Bild 9.7
Wärmeaustauscherregelung auf der Dampfseite

die Temperatur im Dampfraum und beeinflusst so schließlich die Wärmeabgabe $\dot{Q}$ des Wärmeaustauschers, die nach der Gleichung

$$\dot{Q} = k \cdot A \cdot (\vartheta_1 - \vartheta_2)$$

mit der Temperatur $\vartheta_1$ steigt und fällt.

Daraus folgt, dass die dampfseitige Regelung von Wärmeaustauschern stets mit schwankendem Druck im Dampfraum verbunden ist.

## 9.5 Kondensatanstauregelung

Bei der Kondensatanstauregelung wird statt der dampfseitigen Regelung von $\dot{Q}$, die für den Dampf wirksame Heizfläche $A$ als Variable benutzt, die über den Kondensatspiegel des in den Dampfraum zurückgestauten Kondensats geregelt wird. Hierbei befindet sich das Stellventil kondensatseitig am Ausgang des Wärmeaustauschers (Bild 9.8) statt dampfseitig am Dampfeintritt.

Der Dampfdruck und damit auch die Dampftemperatur bleiben konstant, jedoch die für den Dampf zur Verfügung stehende Heizfläche wird durch gesteuerten Kondensatrückstau verändert. Somit steht am Stellventil und am nachgeschalteten Kondensatableiter immer der volle Dampfdruck der Einspeisung für die Kondensatableitung an.

Die Zeitkonstante dieser Kondensatregelung ist jedoch wesentlich höher als bei der Dampfregelung. Um das für die Kondensatableitung notwendige Druckgefälle zu erhöhen, kann ein Kondensator eingesetzt werden, der mit einem ausreichenden Vakuum arbeitet.

Wenn z. B. Kühlwasser von 20 °C für den Kondensator zur Verfügung steht, um den Nachdampf des aus dem Kondensatableiter austretenden Kondensats zu kondensieren (niederzuschlagen) und das Kondensat zu kühlen, kann im Idealfall ein absoluter Druck von ca. 0,02 bar im Kondensator erreicht werden.

Auf den ersten Blick scheint dies die elegantere Lösung zu sein. Man spart eine Armatur, den Kondensatableiter, das Regelventil ist

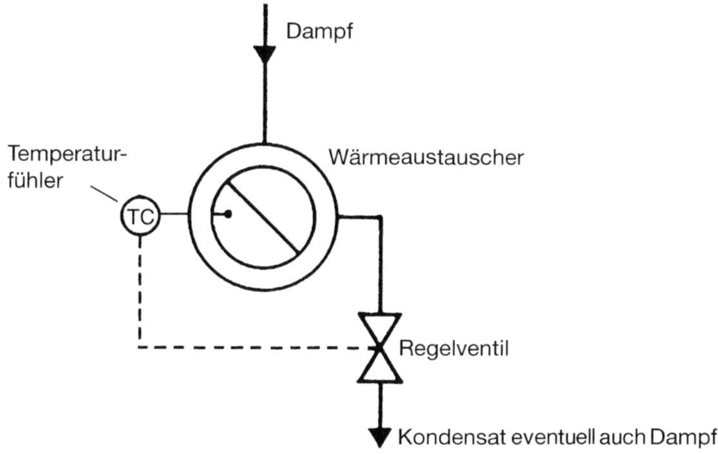


Bild 9.8 Wärmeaustauscherregelung auf der Kondensatseite

kleiner in der Nennweite, da es das kleinere Kondensatvolumen und nicht das Dampfvolumen durchlassen muss und eine höhere Druckdifferenz verfügbar hat. Der Druck im Dampfraum bleibt und damit die Temperatur etwa konstant auf dem maximalen Wert der Einspeisung.

Um die Wärmeabgabe zu regeln, drosselt das Regelventil den Durchfluss, das Kondensat staut sich im Wärmeaustauscher an. Ein Teil der Heizfläche wird mit Kondensat abgedeckt (Bild 9.9).

Folgende Punkte sind jedoch zu beachten:

1. Durch die unterschiedliche Temperatur der verschiedenen Stellen der Heizfläche wird der beheizte Stoff unterschiedlich erwärmt. Lufterhitzer zeigen «Strähnenbildung», d.h. Teile des Luftstromes sind noch in 20 m Entfernung vom Lufterhitzer erheblich kühler als der übrige Luftstrom. Bauelemente in Pressen in Heizformen erreichen stellenweise nicht die vorgeschriebene Temperatur.
2. Verschiedene Stellen der Heizfläche weisen stark verschiedene Temperaturen auf, und diese Temperaturen schwanken. Es treten in der Heizfläche wechselnde mechanische Spannungen auf.
3. Die Korrosion in Dampfanlagen ist dort am größten, wo die Grenze zwischen Dampf und Wasser ist. Wo also, wie bei der Anstauregelung, der Kondensatspiegel ständig im Wärmeaustauscher liegt, da ist der Wärmeaustauscher erhöhter Korrosionsgefahr ausgesetzt.
4. Ferner wird durch die Anstauregelung noch die Regelbarkeit des Wärmeaustauschers stark verschlechtert. Z.B. die Wärmeabgabe des Wärmeaustauschers soll rasch von voller Leistung auf kleine Leistung vermindert werden. Das Regelventil schließt deshalb den Ablauf. Durch die Kondensation im Dampfraum strömt aber noch so lange Dampf nach, bis der ganze Wärmeaustauscher unter Wasser steht. Würde das Regelventil in der Dampfzuleitung sein, dann könnte nur noch soviel Dampf kondensieren wie gerade im Wärmeaustauscher ist. Bei der Anstauregelung wird deshalb nach raschem Schließen des Regelventils vom Wärmeaustauscher noch eine 10...100fach größere Wärmemenge abgegeben als bei der dampfseitigen Regelung. Es kommt somit zu starken Temperaturschwankungen. Aber auch geringe Laständerungen sind kaum zu beherrschen, wenn kleine Niveauschwankungen

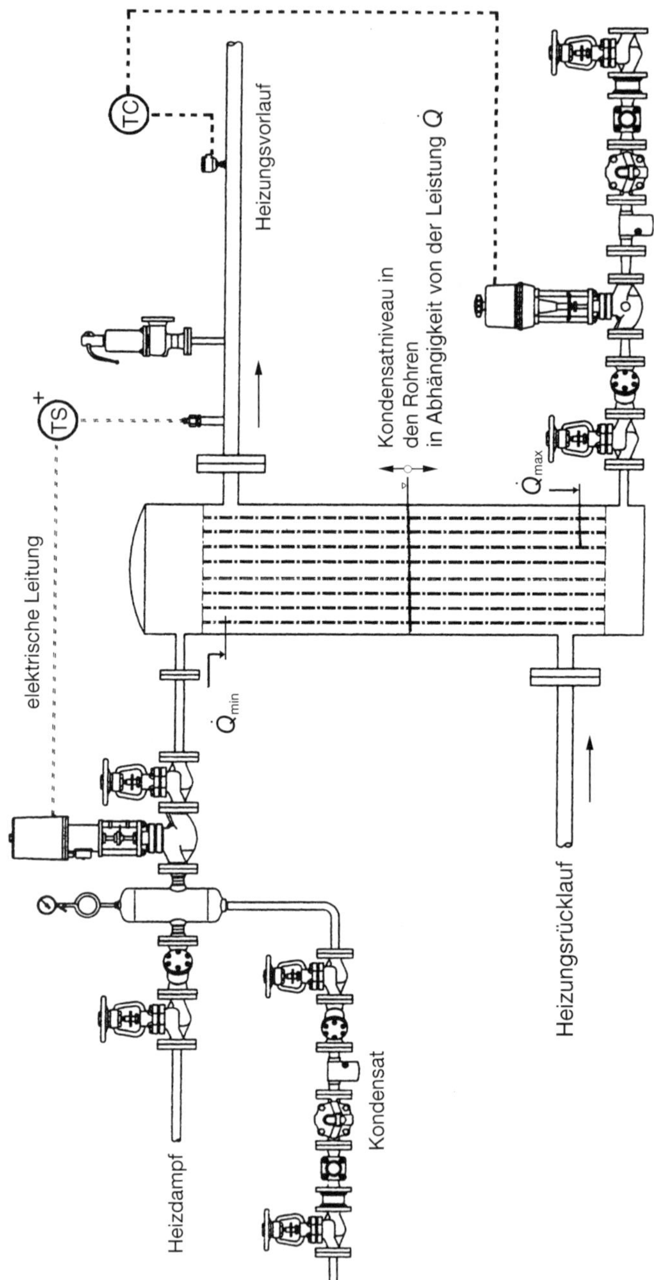


Bild 9.9 Kondensatanstauregelung bei stehendem Wärmeaustauscher.
Die Kondensatbildung findet in den Rohren statt.

des Kondensats große effektive Heizflächenveränderungen bewirken wie bei waagerecht liegenden Rohrbündel-Wärmeaustauschern.

5. Schließlich kann das Regelventil nicht gleichzeitig regeln und die Funktion des Kondensatableiters übernehmen. Es muss deshalb damit gerechnet werden, dass auch Frischdampf durchgelassen wird und so nicht nur verloren geht, sondern durch die damit verbundene Druckerhöhung in der Kondensatleitung die Entwässerung anderer Wärmeaustauscher mindestens zeitweise behindert.

Allgemein ist es üblich, die Kondensatbildung in den Rohren zuzulassen (Bild 9.9). Bei Kondensatbildung um die Rohre hat sich gezeigt, dass bei $Q_{min}$ (Kondensatstau fast bis an die obere Wärmeaustauscher-Platte) es zu Kavitation und damit zu «durchlöcherten» Rohren kommen kann.

**Erklärung**
Die Kondensation des Dampfes im Bereich der bereits abgekühlten Kondensatoberfläche bewirkt bei Schwachlast (Dampfvolumen klein zwischen Kondensatoberfläche und oberer Wärmeaustauscher-Platte), dass – durch die Strömungsgeschwindigkeit des Dampfes (Schubspannungen auf der Kondensatoberfläche) und anschließender Kondensation – starke Wellenbildungen in der Flüssigkeit um die Rohre auf der Kondensatoberfläche auftreten können.
Wenn nun die Wellen ein Dampfvolumen einschließen (Flüssigkeitswand von Kondensatoberfläche bis zur oberen Wärmeaustauscher-Platte), das gerade an der kälteren Rohrwand kondensiert, dann bewirkt die Implosion des Dampfvolumens einen «Jet-Strahl» aus der Flüssigkeit auf die Rohrwand. Die Folgen sind auf Dauer lochartige Durchbrüche in der Rohrwand.

## 9.6 Korrosionsschäden an Wärmeaustauschern

Korrosionsschäden können in Wärmeaustauschern auftreten, wenn deren Dampfräume zeitweise unter Vakuum stehen. Selbst wenn die Dampfräume nicht in ein unter Gegendruck stehendes Kondensatsystem entwässert werden sollen, sondern die Entwässerung ins Freie erfolgen kann, bleibt das Kondensat im Dampfraum «hängen», weil der Umgebungsdruck höher ist als der Dampfdruck im Dampfraum. Dies ist auch der Grund dafür, dass Lufteinbrüche in den Dampfraum über Absperrorgane und Flanschverbindungen unvermeidlich sind. Der Sauerstoff der eindringenden Luft führt bei $CO_2$-haltigem Kondensat zur Bildung von Eisenhydroxid. Die Eisenteile gehen in Lösung: das bedeutet Korrosion. Typisch für derartige Korrosionsschäden ist z. B. das Durchrosten von Luftheizregistern «immer an der gleichen Stelle». Bei relativ kontinuierlichen Betriebsverhältnissen kann sich bezüglich des Vakuums und «hängen»-gebliebenem Kondensat im Dampfraum ein Gleichgewicht einstellen, so dass der Kondensatspiegel stets in einer bestimmten Höhe verharrt. Die Abtragung der Eisenteile verteilt sich nicht mehr über alle inneren Oberflächen, sondern tritt verstärkt in Höhe des Kondensatspiegels auf, wo dieser mit der eingedrungenen Luft in Berührung kommt.

Auch abgeschaltete Wärmeaustauscher, die nach dem Abschalten nicht vollständig entwässert werden, leiden unter Korrosionserscheinungen «immer an der gleichen Stelle», wobei man in solchen Fällen von Stillstandskorrosion spricht.

All die geschilderten Probleme lassen sich umgehen, wenn der Wärmeaustauscher auch unter schwierigsten Betriebsbedingungen, wie z. B. Vakuum im Dampfraum, unverzüglich und vollständig entwässert wird.

## 9.7 Vermeiden von Frostschäden in Wasserdampf- und Kondensatsystemen

Wenn Wasserdampf kondensiert und entstandenes Kondensatwasser zu Eis wird, können – infolge der Expansion von gefrierendem Wasser – Drücke gegen die Rohrwand entstehen, die den Berstdrücken von Stahlrohrleitungen entsprechen.

Um eine Anlage frostsicher zu machen, ist es erforderlich, Wasserrückstände in Rohrleitungsteilen zu beseitigen, besser noch, zu vermeiden. Anforderungen und Möglichkeiten, die einen frostsicheren Anlagenbau bei Wassersystemen garantieren, sind z.B.:

- ständiger Dampfbetrieb, damit Leitungen nicht länger als ca. 1 Tag unbeheizt sind,
- Leitungen frostsicher über eine Begleitheizung zu erwärmen,
- Isolieren von Leitungen für eine Frostsicherheit von mehreren Tagen.

Ist keine ständige Temperatur im Dampf- und Kondensatnetz von ca. +3 °C sicherzustellen, müssen folgende Konstruktionsmerkmale in der Anlage vorhanden sein:

1. Alle Leitungen müssen mit einem Gefälle von mindestens 1 : 100 verlegt werden.
2. Alle Tiefpunkte am Ende von Gefällen müssen automatische Entwässerungsvorrichtungen haben.
3. In senkrechten Rohren, vor Anstau- und Absperrmöglichkeiten, sind automatische Entwässerungsvorrichtungen vorzusehen.
4. Alle Kondensatableiter müssen über die Temperatur gesteuert werden. Es dürfen keine Kugelschwimmer-Kondensatableiter eingebaut werden, weil sie Wasser anstauen, was Frostschäden nach sich zieht.
5. Kondensatleitungen müssen – wenn sie nicht automatisch gesteuerte Entwässerungsvorrichtungen haben, die bei ca. 10 °C das Kondensat in einen Ablass einleiten – unterhalb der Dampfleitung verlegt werden.

# Formelzeichen

Die nachfolgenden Zeichen werden nach Möglichkeit grundsätzlich angewendet, wobei Abweichungen und Ergänzungen von diesen Formelzeichen jeweils bei den entsprechenden Gleichungen oder Bildern genannt sind. Hauptsächlich wurden die in den technischen Regelwerken bereits eingeführten Zeichen verwendet.

| Zeichen | Benennung | Einheit |
|---|---|---|
| $A$ | Querschnittsfläche | $m^2$ |
| $c$ | spezifische Wärmekapazität | J/(kg · K) |
| $c_p$ | spezifische Wärmekapazität bei konstantem Druck | J/(kg · K) |
| $c_v$ | spezifische Wärmekapazität bei konstantem Volumen | J/(kg · K) |
| $d$ | Durchmesser | m |
| $H$ | Enthalpie | J |
| $h$ | spezifische Enthalpie | J/kg |
| $k$ | Wärmedurchgangskoeffizient | W/($m^2$ · K) |
| $L$ | Länge | m |
| $M$ | Masse | kg |
| $\dot{M}$ | Massenstrom | kg/s |
| $n$ | Stoffmenge | mol |
| $p$ | Druck | bar |
| $Q$ | Wärmeenergie | J |
| $q$ | spezifische Wärmeenergie | J/$m^2$ |
| $\dot{Q}$ | Wärmestrom | W (J/s) |
| $\dot{q}$ | Wärmestromdichte | W/$m^2$ (J/(s · $m^2$)) |
| $S$ | Entropie | J/K |
| $s$ | spezifische Entropie | J/(kg · K) |
| $T$ | Temperatur | K |
| $t$ | Zeit | s |
| $U$ | benetzter Umfang | m |
| $V$ | Volumen | $m^3$ |
| $\dot{V}$ | Volumenstrom | $m^3$/s |
| $v$ | spezifisches Volumen | $m^3$/kg |
| $w$ | Geschwindigkeit | m/s |
| $x$ | charakteristische Länge bei den Kennzahlen | m |

| Zeichen | Benennung | Einheit |
|---|---|---|
| $\alpha$ | Wärmeübergangskoeffizient | $W/(m^2 \cdot K)$ |
| $\beta$ | Volumenausdehnungskoeffizient | $1/K$ |
| $\eta$ | dynamische Viskosität | $Pa \cdot s$ |
| $\lambda$ | Wärmeleitfähigkeit | $W/(m \cdot K)$ |
| $\nu$ | dynamische Viskosität | $m^2/s$ |
| $\varrho$ | Dichte | $kg/m^3$ |
| $\vartheta$ | Temperatur | °C |
| $\xi$ | Widerstandsbeiwert | – |
| $\Delta$ | Differenz | |
| $\Sigma$ | Summe | |

**Indizes**

| | |
|---|---|
| W | Wasser |
| D | Dampf |

**Exponenten**

| | | |
|---|---|---|
| $'$ | Wasser an der Siedelinie | $(x = 0)$ |
| $''$ | Dampf an der Sattdampflinie | $(x = 1)$ |

**Kennzahlen**

| | |
|---|---|
| *Gr* | Grashof-Zahl |
| *Nu* | Nusselt-Zahl |
| *Re* | Reynolds-Zahl |

# Literaturverzeichnis


[1] WAGNER, W.: *Rohrleitungstechnik*. Würzburg: Vogel-Buchverlag, 2000.
[2] WAGNER, W.: *Strömung und Druckverlust*. Würzburg: Vogel-Buchverlag, 2001.
[3] WAGNER, W.: *Wärmeübertragung*. Würzburg: Vogel-Buchverlag, 1998.
[4] WAGNER, W.: *Wärmeaustauscher*. Würzburg: Vogel-Buchverlag, 1999.
[5] WAGNER, W.: *Sicherheitsarmaturen*. Würzburg: Vogel-Buchverlag, 1999.
[6] VDI: Energietechnische Arbeitsmappe. VDI-Verlag, 2000.
[7] Fa. STERLING: Berkefeld Wassertechnoloogie, 2000.
[8] Fa. GESTRA: Wegweiser (Dampf/Kondensat), 1984.
[9] Fa. Spirax Sarco: Grundlagen der Dampf- und Kondensattechnologie, 1981.
[10] Fa. Armstrong: *Handbuch für die wirtschaftliche Entwässerung von Dampfleitungen und Wärmeaustauschern*, 1992.

# Stichwortverzeichnis